KB094781

재밌어서 밤새 읽는

수학자들 이야기

재밌어서 밤새읽는 수학자들 이야기

사쿠라이 스스무 지음 | **조미량** 옮김 | **계영희** 감수

알베르트 아인슈타인

아이작 뉴턴

닐스 헨리크 다비드 보어

스리니바사 라마누잔

세키 다카카즈

존 네이피어

피에르 드 페르마

다니야마 유타카

니시나 요시오

더숲

사람과 함께하는 수학.

이것이 필자가 저자로 참여한 고교수학 교과서 『수학활용(数学活用)』의 기본 콘셉트다. 학교의 수학 교과서에서 가르쳐주지 않는 것, 그것은 바로 '수학은 이야기'라는 사실이다. 그러나 수학이야말로 2,000년이 넘는 세월 동안 사람과 함께 동고동락해 온 장대한 이야기다.

우리는 시간의 흐름과 함께 살아가며, 우리 눈에 보이지 않는 시간은 우리의 안과 밖으로 흐른다. 실로 기억으로 만들어지는 시간, 그리고 별의 흐름 속에서 만들어지는 시간이다.

별의 운동에서 시간을 발견하는 데 인류는 참으로 많은 세월을 보냈다. 이는 '천문학'이라는 학문을 탄생시켰고 그것은 다시 공간과 시간의 과학인 물리학으로 발전했다.

수학은 이야기다. 그러나 교과서는 이를 설명하지 않는다. 교과서는 모든 것이 너무나 갑작스럽다. 중학교에 진학하면 초등학교 때 없던 문자가 등장하고 방정식과 함수, 지수와 삼각비가 나오며, 고등학교에 올라가면 수열과 로그, 삼각 함수와 미분·적분이 아무런 예고도 없이 태풍처럼 나타나 모두를 덮친다. 예상치 못한 태풍에 온몸을 적셔 가며 이를 견뎌 내도 큰비와 강풍을 동반한 폭우가 계속해서 몰아친다.

수학이라는 태풍은 점점 위력이 강해져 언제 끝날 지 알 수 없다. 용기를 내 선생님께 "수학은 무엇을 위해 존재하나요?", "왜 수학을 배워야 하나요?"라고 물어도 우선은 입시 때문이라는 답변에 할 말을 잃게 된다.

"수학이 싫다."라는 말은 "수학을 배우는 방식이 싫다."라는 뜻 아닐까?

수학은 심혈을 기울여 완성되어 온 지혜의 결정, 인류 최고의 지적 재산이다. 수학에는 과거, 현재, 미래가 담겨 있다. 고대 그리스의 수학자 유클리드가 남긴 『원론(Euclid's Elements)』은 수학 이야기의 시작이라 할 수 있는 작품이다.

수학과 마주할 때 문득 드는 의문이 있다. 도대체 이 이야기는 총 몇 페이지일까? 하는 것이다.

가령 『원론』부터 지금까지 2,000년 이상의 시간 동안 세계에서 발표된 수학서와 논문을 모두 편찬한다면 그 책을 수납하는 데 얼마나 큰 도서관이 필요할까?

수학이라는 장대한 이야기 속에는 '무한', '영원'이라는, 한 인간이 도저히 손에 넣을 수 없는 보물을 인류가 차례차례 이어받아 손에 넣었다는 놀라운 진실이 담겨 있다. 이렇듯 재미있는 이야기들이 교과서에 실리면서 재미없는 이야기로 둔갑한다면 그야말로 더없이 어처구니없는 일이 아닐지?

이 책은 필자가 선택한 수학자와 물리학자 들의 이야기다. 아니, 그보다 필자를 과학 항해자(science navigator)로 이끌어 준 슈퍼스타들의 이야기라 하는 게 맞겠다. 네이피어, 아인슈타인, 니시나 요시오, 라마누잔……. 나는 이들의 삶과 업적에 깊은 감동을 받았다.

수학이라는 이야기는 지금 이 순간에도 새로운 발견을 계속하고 있다. 그리고 수학자들은 계속해서 또 다른 페이지들을 써 내려가는 중이다.

수학은 한마디로 '끝없는 이야기(never ending story)'다.

이 책은 『재밌어서 밤새 읽는 수학 이야기』, 『초 재밌어서 밤새 읽는 수학 이야기』에 이은 저자 사쿠라이 스스무의 베스트셀러다. 앞의 책들에 이어 이 수학자들 이야기 역시 저자의 역동적인 탐구력과 문장력이 고스란히 느껴지는 작품이다. 이전 책들이 주제 중심으로 엮인 교양서였다면, 이 책에서는 다른 수학사 관련 교양서에서 접하지 못한 역사적인 수학자, 과학자 들의 이야기가 흥미진진하게 펼쳐진다. 학창 시절, 로그 계산 때 사용하던 로그표가 16세기 스코틀랜드의 귀족 네이피어가 20년간 노력하여 얻은 땀과 눈물의 결정체라는 것을 알고 나면 가슴이 뭉클해진다. 저자에 의하면 네이피어는 망망한 대해를 항해하는 선원들을 위한 따뜻한 마음 때문에 계산을 멈출 수 없었을 것이란다. 이에 저자는 로그표를 인류의 보물이라고까지 표현한다.

　뉴턴을 생각해 보라. 어떤 생각이 스치는가? 대부분은 만유인력과 사과를 떠올릴 것이다. 그러나 저자는 분수 함수의 그래프가 그리는 쌍곡선의 면적 계산을 무한급수로 변환하는 천재의 발상에 주목하고, log1.1과 log0.9를 정교하게 계산한 뉴턴의 탁월함을 치하한다. 나아가 뉴턴과 일본의 수학자 세키 다카카즈를 비교해 이야기를 풀어 나가며 물리학자로서 빛의 광자설과 파동설을 끊임없이 대조하고 설명한다. 세키 다카카즈는 에도 시대에 살았던 와산의 천재로 일본이 자랑하는 학자다. 상대성 이론으로 유명한 아인슈타인의 스토리에서는 어려운 물리학의 첨단 이론인 블랙홀과 빅뱅을 아주 쉽게 설명하고 있다. 물리학에 문외한이더라도 저자의 탁월한 설명 덕에 특수 상대성 이론을 재밌게 읽을 수 있다. 요즘 우리네 필수품인 자동차의 내비게이션 GPS 위성에 대한 대목에선 현대 물리학에 성큼 다가서게 하는 저자 특유의 솜씨가 잘 발휘된다.

　'양자 역학' 하면 대부분 골치 아픈 현대 물리학의 이론이라는 선입관을 가지고 있는 것이 현실인데 저자는 놀라우리 만큼 진지하고 흥미롭게 물리학자 보어와 니시나 요시오를 중심으로 그에 대한 이야기를 펼쳐 나간다. '독가스가 들어 있는 유리 상자와 고양이'라는 요소로 독자들의 호기심을 자극하고, 슈뢰딩거와 일본의 노벨 물리학상 수상자 도모나가 신이치로의 이론을 소개하면서, 2020년엔 양자 컴퓨터가 출현하고 2030년이 되면 양자 인터넷이 실현되고 2100년이 되면 양자 컴퓨터가 완성되어 완전한 인공 지능이 완성될 것이라 예언한다. 완전한 인공 지능의 완성이란 말은 섬뜩하게 들리기까지 한다. 공상과학영화에서처럼 로봇이 지배하는 세상이 이렇게 빨리 실현될 것인가 하는 호기심이 이는 대목이다.

너무 유명해서 진부한 페르마의 정리에 대해, 저자는 색다른 즐거움을 선사하기도 한다. 일본의 수학자 '다니야마·시무라의 추론'에 주목하면서 페르마의 정리를 수학에서의 이어달리기와 같이 바통을 이어받은 기념비적인 역사적 사건임을 강조하고 있는 것이다. 저자는 바통을 이어받은 수학자로 앙드레 베유, 에밀 아르틴, 갈루아, 오일러를 등장시키고, 제타 함수의 신기함을 설명한다. 또 페르마 정리의 마지막을 장식하는 다니야마와 그의 약혼자의 자살에 관한 대목은 마치 소설의 비극적인 엔딩처럼 느껴진다.

저자의 애정이 듬뿍 묻어나는 인도의 수학자 라마누잔의 스토리는 원주율의 역사적 추적을 밀도 있게 파헤쳐 라마누잔이 만들어 낸 수학 공식이 현재까지도 위력을 떨치며 진화를 거듭하고 있음을 설명한다. 컴퓨터를 사용하여 계산한 원주율 파이의 값도 수학자들이 만들어 낸 각각의 수식에 따라 다른 결과물을 만들어 냄을 자세히 설명하면서 차츰 흥미를 유발하고 있다.

특히나 저자의 유년 시절 라디오로부터 시작된 호기심이 우주, 아인슈타인, 양자 역학에까지 확장되어 나간 경로를 자세히 이야기하는 마지막 대목은 수학자 또는 과학자를 꿈꾸는 우리 청소년들에게 좋은 롤모델이 될 것 같은 예감이다. 도전과 모험을 두려워하지 않는 많은 이들에게 이 책을 추천한다.

계영희

(전 한국수학사학회 부회장, 현 고신대학교 유아교육학과 교수)

차례

제1장

네이피어

로그, 많은 생명을 구한
한 편의 드라마

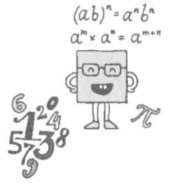

존 네이피어John Napier, 1550~1617
로그를 발견했다. '네이피어의 계산봉(Napier's bones, 곱셈과 나눗셈을 간단히 계산하기 위한 도구)'을 발명했으며, 현재 사용되는 소수점을 고안했다.

🔺 로그에 감춰진 감동 체험

필자는 고등학교 2학년 때 교과서에서 로그(대수對數)를 배웠다. 수학 시간에 '$2^3=8$'을 '$3=\log_2 8$'로 변환하는 방법을 배웠지만 그 이유를 알 수 없었다. '이렇게 귀찮은 계산이 왜 필요한 걸까?'라는 의문만 들곤 했다.

그러던 어느 날 수학자를 소개하는 책에서 네이피어를 알게 되었다. 그 책에는 내 의문이 풀리는 것 이상의 놀라운 사실이 담겨 있었다.

'로그는 천문학에 관련한 계산을 쉽게 하기 위해 그리고 항해에 고통받는 선원을 위해 만들어졌다.'

수학은 사람의 생명을 구하는 학문이었던 것이다. 이후 네이피어의 존재는 계속해서 내 가슴속에 살아 있다.

수학이라면 '피도 눈물도 없는 차가운 숫자의 학문'일 거라 생각하기 쉽지만, 실제로는 감동적인 체험을 할 수 있는 신나는 학문이다.

수학은 오직 실용성만을 위해 존재하는 학문이 아니다. 많은 수학자들이 돈이나 지위는 생각지 않고 단지 진리를 알고 싶어 수의 세계에 발을 들여놓는다. 그리고 결과적으로 그 행동이 인류에 공헌한다.

예를 들어 프랑스의 수학자 피에르 드 페르마(Pierre de Fermat, 1601~1665, 근대 정수론의 창시자)의 '마지막 정리'는 정수에 관한 유명한 정리이며 1994년 영국의 수학자 앤드루 와일스(Andrew Wiles, 1953~)가 이를 증명해 내기까지 약 360년이라는 세월이 걸렸다. 그러나 시행착오를 거듭하는 과정에서 탄생한 수학적 발견들은 인터넷에 반드시 필요한 암호 기술에 적용됐다. 이 기술이 없었다면 인터넷은 발달하지 못했을 것이다. 모든 정보가 공개되는 통신이란 아무런 쓸모가 없기 때문이다.

이처럼 수학은 결과적으로 많은 사람들에게 도움이 되어 왔다. 그리고 다수의 생명을 구하기도 했다. 로그가 가장 좋은 예다.

로그는 수학 세계에 적용돼 왔다. 그러나 우리가 과학 기술의 은혜로 말미암아 고도의 문명사회를 이룩할 수 있었던 것은 로그 덕분이다. 로그의 존재가 없었다면 많은 나라가 오늘날과 같은 선진 공업대국이 될 수 없었을 것이다.

네이피어가 목숨을 바쳐 로그를 좇은 것은 아직도 잘 알려지지 않은 사실이다. 오히려 많은 사람들은 '로그'라는 말을 들으면 깜짝 놀라곤 한다. 'log'라는 기호만 봐도 "이것 때문에 수학이 싫어졌다."라고 말하는 사람이 있을 것이다.

그러나 로그는 사랑의 결정체라 할 수 있는 수학이다. 로그의 발견 뒤에는 한 남자의 장대한 드라마가 감춰져 있다. 이번 장에서는 많은 사람의 생명을 구하기 위해 혼자 어두컴컴한 수의 세계에 발을 디딘 용기 있는 사나이에 대해 이야기하고자 한다.

🔺 16세기 스코틀랜드에서 시작된 이야기

네이피어는 1550년, 스코틀랜드의 수도 에든버러(Edinburgh)의 남서부에 있는 머치스턴(Merchiston) 성 안에서 태어났다. 그는 8대 성주로 약속된 인물이었다.

네이피어는 성장하면서 비범한 재능을 발휘했다. 열세 살 때 대학에 진학해 종교학을 배웠으며, 성주의 아들로서 지역 사회를 총괄하는 역할을 맡아 다양한 문제를 독창적인 아이디어로 해결했다고 전해진다.

일례로 그는 "농지의 수확량을 늘리고 싶어요."라는 농민의 요청을 들어주기 위해 새로운 비료를 사용하거나 양수기를 발명하는 등 농업과 토목 기술을 개발했다고 알려졌다.

또한 정체를 알 수 없는 괴물이 농작물을 마구 먹고 있다는 농민의 말을 흘려듣지 않고 주변 4마일(약 6.4km) 반경 내의 밭에서 1피트(약 30.5cm) 이상의 생물을 모두 제거하는 대포를 만들기도 했다.

여기에 탄광에서 작업하는 사람이 "지하수가 흘러넘쳐 작업할 수가 없어요."라고 호소하자 탄광 내 고인 물을 배출하기 위해 탄광 수위 제어용수 스크루를 개발하기도 했다. 무려 16세기에 수중에서 날개를 움직이는 기술을 개발한 것이다!

네이피어는 발명가라 할 수 있다. 그것도 곤경에 빠진 사람들을 돕기 위해 재능을 사용한 유능한 엔지니어였다.

그는 잠수함이나 전차 같은 병기도 다양하게 개발했는데 이 역시 영지 내 사람들을 안심시키기 위한 것이었다.

당시 유럽에서는 내전이 끊이지 않았다. 스코틀랜드인들이 유

럽 최강인 스페인이 바다를 건너 침공해 오지 않을까 항상 걱정
하던 시기였다.

🌲 터무니없는 계산의 세계에 맞서다

당시 유럽은 전란의 시대임과 동시에 대항해 시대이기도 했다. 유
럽에는 자원이 별로 없었다. 자국의 발전을 위해선 다른 영토의
자원을 빼앗아야만 했다. 스페인 등의 열강은 최신 기술을 사용해
대형 배를 만들고 전 세계 바다의 항로를 개척하며 패권을 잡고
있었다.

대국의 목표는 인도였다. 당시 인도에는 유럽인이 손에 넣고 싶
어 하는 산물이 무척 많았다. 크리스토퍼 콜럼버스(Christopher
Columbus, 1451~1506)가 스페인 여왕의 명령을 받아 항해를 시
작해 아메리카 대륙을 발견한 것도 서인도 항로를 개척하기 위해
서였다. 네이피어도 항해와 관련된 이야기를 가끔 들었을 것이다.

그 당시 천문대에서는 천체력과 해난사고 문제가 화제로 떠올
랐다. '천체력'이란 별의 움직임을 예측한 달력이다. 요즘도 매년
발행되는 것으로 당시에는 계산기 등이 없었기에 방대한 계산이
필요한 천체력은 그 정확도가 떨어졌다.

이러한 이유로 먼 곳을 항해하는 선원은 고민에 빠지기 일쑤였

다. 그들은 정확한 시간과 별의 위치를 관측해 이를 천체력으로 확인해 가며 자신의 위치를 대강 파악했다. 천체력이 정확하지 않으면 자신의 위치를 파악하지 못해 잘못된 곳으로 향하기 쉬웠다. 이는 조난, 즉 죽음을 의미했다.

눈을 감고 한번 상상해 보자.

지금 당신은 캄캄한 태평양 한가운데서 배를 타고 있다. 열흘 전에 목적지에 도착할 예정이었지만 하루하루 시간이 가도 육지는 보이지 않는다.

이날 밤은 운이 좋아 별이 보인다.

당신은 여기까지 육분의(각도를 재기 위한 기구)를 사용해 별의 위치를 여러 번 확인하고 시계의 바늘을 보면서 기록해 왔기에

◆ 육분의

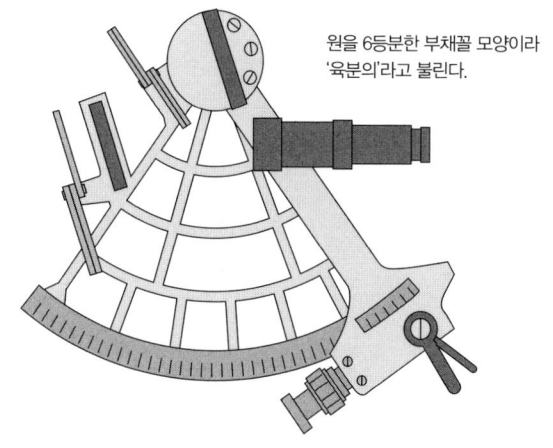

원을 6등분한 부채꼴 모양이라 '육분의'라고 불린다.

데이터는 정확하다. 이 데이터를 천체력과 대조하며 실수가 없도록 몇 번이고 계산한다.

그런데도 다음 날 아침에는 도착해야 할 육지가 보이지 않는다. 보이는 것은 수평선뿐…….

많은 선원들이 이렇게 드넓은 바다를 헤매다 서서히 죽어 갔다.

로그를 '발명'하기 전에 네이피어는 '구면 삼각법'을 연구했다.

지구와 같은 구의 표면에 있는 삼각형을 구면 삼각형이라 하는데 구면에서는 두 점을 잇는 최단 곡선을 직선으로 여긴다. 이 직선으로 만들 수 있는 삼각형이 구면 삼각형이다. 이 '변의 길이'와 '각도의 관계'를 조사하는 것이 구면 삼각법이다.*

대항해 시대에 원양 항해를 나가기 위해서는 목적지까지의 거리, 즉 구면 호의 길이를 계산해야 했다.

네이피어는 이를 연구하면서 '네이피어의 공식'과 '네이피어의 법칙'을 발견했다.

구면 삼각법은 항해뿐만 아니라 천문학과 관련된 계산을 할 때도 필요하다. 다음 페이지의 그림은 지면상 두 지점의 위도와 경도에서 그 거리를 계산하는 예로 사인(sin) 함수, 코사인(cos) 함수 등으로 친숙한 '삼각 함수'의 곱셈이다. 보다시피 무척 어렵다.

---

* 감수자 주: 구면 삼각형은 안각의 합이 180도보다 크므로 각도의 관계를 생각하게 된다.

◆ 구면 삼각법

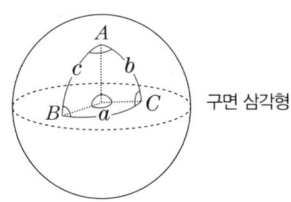

구면 삼각형

네이피어의 공식	네이피어의 법칙

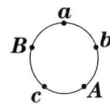

한 요소의 정현(正弦, 사인)은 그 대칭 요소의 여현(余弦, 코사인)의 체적(부피)과 같고 인접 요소의 정접(正接, 탄젠트tan)의 체적과 같다.

$$\tan\frac{A+B}{2} = \frac{\cos\dfrac{a-b}{2}}{\cos\dfrac{a+b}{2}}\cot\frac{C}{2}$$

$$\tan\frac{A-B}{2} = \frac{\sin\dfrac{a-b}{2}}{\sin\dfrac{a+b}{2}}\cot\frac{C}{2}$$

$$\sin A = \cos B \cos a = \tan b \tan c$$
$$\sin B = \cos A \cos b = \tan a \tan c$$
$$\sin a = \cos A \cos c = \tan b \tan B$$
$$\sin b = \cos B \cos c = \tan a \tan A$$
$$\sin c = \cos a \cos b = \tan A \tan B$$

거리 측정

A. 일본 사카타[酒田] 시
위도: 38.9213°
경도: 139.837°

거리는?

B. 프랑스 파리
위도: 48.8583°
경도: 2.29451°

$$\cos\theta = \cos\phi A \cos\phi B \cos(\lambda A - \lambda B) + \sin\phi A \sin\phi B$$

$$= \cos38.9213° \times \cos48.8583° \times \cos(139.837° - 2.29451°) + \sin38.9213° \times \sin48.8583°$$

$$= 0.778009 \times 0.657923 \times (-0.737778) + 0.628252 \times 0.753084$$

$$= 0.0954800$$

$$\theta = 1.47517(\text{rad})$$

$$AB = 지구의\ 반경6,378\text{km} \times 1.4751 = 9,408\text{km}$$

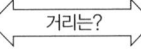

사카타 시와 파리 사이의 거리는 9,408km

천문학자는 천체력의 정확도를 높이려고 노력했다. 그러나 별의 움직임을 예측하려면 문자 그대로 '천문학과 관련된 계산'을 손으로 직접 할 수밖에 없었다. 매년 말이다.

"이건 불가능해!" 천문학자의 입에서 비명이 나오는 것은 당연했다.

네이피어는 계산하느라 골머리를 앓는 천문학자들을 보고 "어떻게 하면 될 것인가?"라며 안타까워했을 것이다. 그리고 망망대해에서 죽어 가는 선원의 모습을 상상하며 몹시 초조했을 것이다.

결국 그는 다음처럼 말하며 결의를 다졌을 것이다.

"그래! 내가 천체력을 편하게 계산할 수 있는 방법을 찾아내고야 말겠어."

당시 네이피어의 나이는 44세였다. 400년 전의 44세라 하면 인생의 만년일 시기다. 언제 죽을 지도 모르는 나이에 터무니없는 계산의 세계에 발을 들이려고 하다니. 그것도 혼자서. 이 사실만으로도 충분히 놀라움을 감출 수 없다.

★ 로그를 사용하면 곱셈이 조금 편해진다

이쯤에서 로그에 대해 알아보자. 로그란 말하자면 계산의 변환 시스템이다. 즉 곱셈을 덧셈으로, 나눗셈을 뺄셈으로 만드는 기술이 로그다.

간단한 예를 들어보자.

'1000×100'은 필산으로도 계산할 수 있지만 '1000'과 '100'의 0을 더해서 쭉 적으면 '100000'으로 답을 구할 수 있다.

즉 '1000'을 '10'의 세제곱, '100'을 '10'의 제곱이라 생각해 세제곱과 제곱의 3과 2를 더해 답을 이끌어 내는 것이다.

네이피어는 이 수의 법칙에 주목해 로그라는 개념을 확립했다.

여기서 주목해야 할 것은 '곱셈이 덧셈이 된다.'라는 것이다. '1000×100'은 곱셈으로 계산하는 편이 빠르지만 자릿수가 커지면 덧셈으로 계산하는 것이 훨씬 쉽다.

즉 100을 2로 여기고 1000을 3으로 여기듯 다양한 수를 다른 수로 바꿔서 표로 만들 수 있다면 곱셈을 덧셈으로 바꿔서 편하게 계산할 수도 있다는 뜻이다.

네이피어가 시도한 것은 간단히 말하면 곱셈을 덧셈으로 만드는 구조(알고리즘)를 만드는 것이었다.

지금까지의 설명을 듣고 "그건 지수 법칙 아니야?"라고 생각한 사람들이 있을 것이다.

즉 지수 법칙 '$a^n \times a^m = a^{n+m}$'이라면

$$1000 \times 100 = 10^3 \times 10^2 = 10^5 = 100000$$

지수 법칙:

$a > 0, x, y$가 실수일 때

$a^x \times a^y = a^{x+y}$, $(a^x)^y = a^{xy}$가 성립한다.

$y = a^x$ 라면 $x = \log_a y$

지수   밑   진수

이 되어 정답이 된다.

그러나 네이피어 시대에는 지수 표기가 없었고 그 개념도 명료하지 않았다.

그가 위대한 천재인 이유가 여기에 있다. 네이피어는 지수가 없는 상태에서 로그를 발견하고 그것을 하나의 체계로 정리한 것이다. 지금은 로그를 고등학교 수학 시간에 배운다(한국, 일본 등). 교과서를 펼치면 지수 다음에 로그가 설명돼 있다. 예를 들어 $y = a^x$라면 $x = \log_a y$로 말이다.

'$3 = \log_2 8$'이라는 로그의 식은 '밑이 2일 때 8의 로그는 3'이라는 것을 표현한다. 이 경우 8을 '진수'라 부른다.

자주 사용되는 것은 10을 밑으로 한 로그다. 이는 '상용로그'라고 불리며 현재 고등학교 수학 과정에 나온다.

사실 지수를 배우고 지수 법칙을 완전히 터득한 후에 로그를 배우는 것이 무리 없는 학습 과정이다.

네이피어가 엄청난 이유는 지수나 함수의 개념이 명확하지 않은 시대에 로그를 생각해 냈다는 데 있다.

나는 이 사실에 전율을 금치 못했다. 아마 수학을 조금이라도 깊이 배운 사람이라면 놀라지 않을 수 없을 것이다.

지수를 몰랐던 그가 어떻게 로그를 생각할 수 있었을까 하고 말이다.

🏠 천문학자의 생명을 두 배로 연장한 로그

이제부터 로그를 어떻게 사용하면 곱셈이 덧셈으로 바뀌는지를 살펴보기로 하자. 현대 수학의 지식을 사용하는 편이 이해에 쉬우므로 지수를 사용해 설명하겠다.

2를 밑으로 하는 로그를 사용해 8×16이라는 간단한 계산을 덧셈으로 바꿔보자.

먼저 진수 '8'과 '16'의 로그를 표에서 찾는다. 그러면 '$3 = \log_2 8$' '$4 = \log_2 16$'인 것을 알 수 있다. 로그 '3'과 '4'를 더하면 7이다.

다음으로 로그가 '7'이 되는 식을 로그표에서 찾는다.

$$1 = \log_2 2$$

$$2 = \log_2 4$$

$$3 = \log_2 8$$

$$4 = \log_2 16$$

$$5 = \log_2 32$$

$$6 = \log_2 64$$

$$7 = \log_2 128$$

$$8 = \log_2 256$$

$$9 = \log_2 512$$

$$10 = \log_2 1024$$

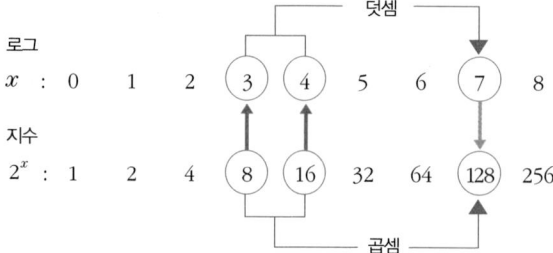

$$\text{지수 } 2^x : \quad 8 \quad \times \quad 16 \quad = \quad 128$$

$$\text{로그 } x : \quad 3 \quad + \quad 4 \quad = \quad 7$$

'7=$\log_2 128$'이다. 이는 진수 '128'이 8×16의 답이라는 뜻이다. 그 결과는 실제 계산 값과 일치한다.

로그표는 말하자면 종이 계산기다. 네이피어는 8자리까지 대응하는 로그표를 만들어 천체력 작성에 필요한 계산을 매우 빠르게 마칠 수 있는 길을 마련했다.

이는 '로그 덕에 천문학자의 수명은 2배로 늘었다'(도오야마 히라쿠[遠山啓], 『수학입문 하(数学入門 下)』)라고 할 정도로 위대한 업적이다.

★ 계산하는 데 인생의 3분의 1을 쓴 남자

31페이지의 로그표를 살펴보자. 바로 이것이 네이피어가 20년간 흘린 땀과 눈물의 결정체다.

네이피어의 로그표가 얼마나 정확한지 검증해 보자.

로그표 왼쪽 위에 '18'이라고 적혀 있는데, 이는 각도가 '18°'라는 뜻이다. 표 왼쪽 끝 가장 위에 min(분)이 있는데 이는 '60진법'을 의미한다. '30'행은 18°30′의 sin 값 Sinus와 그 sin에 대한 로그값 Logarithmi이다.

네이피어의 로그는 현대 수학에서는

$$x = 10^7(1-10^{-7})^y \Longleftrightarrow y = \log_{(1-10^{-7})}\frac{x}{10^7}$$

(x=Sinus의 값, y=Logarithmi의 값)

이라 표현된다.

이를 내 손에 있는 공학용 계산기로 계산해 봤더니,

$$\sin 18°30' \times 10000000 = 3173046.56 ≒ 3173047\,(\text{Sinus})$$

$$\log_{(1-10^{-7})}\sin 18°30' = \log_{(1-10^{-7})}0.3173047 = 11478927\,(\text{Logarithmi})$$

로 7자리가 일치했다.

이 8자리 숫자를 끌어내려면 13자리의 계산이 필요하다. 네이피어가 인생의 3분의 1이나 되는 20년이라는 세월을 사용한 이유가 거기에 있다.

나는 여전히 이 사실이 믿기 힘들다. 수학자도 천문학자도 아닌 인물이 이를 해낸 것이다.

네이피어가 이렇게까지 계산에 매달렸던 이유는 무엇일까?

Gr. ⬚18

18

min	Sinus.	Logarithmi	Differentiæ	logarithmi	Sinus	
30	3173047	11478926	10948332	530594	9483237	30
31	3175835	11470237	10938669	531568	9482314	29
32	3178563	11461556	10929013	532543	9481390	28
33	3181321	11452883	10919364	533519	9480465	27
34	3184079	11444219	10909723	534496	9479539	26
35	3186837	11435563	10900090	535473	9478612	25
36	3189594	11426915	10890464	536451	9477685	24
37	3192351	11418275	10880845	537430	9476757	23
38	3195108	11409644	10871234	538410	9475828	22
39	3197864	11401021	10861630	539391	9474898	21
40	3200620	11392406	10852033	540373	9473967	20
41	3203375	11383800	10842444	541356	9473035	19
42	3206130	11375202	10832862	542340	9472103	18
43	3208885	11366612	10823287	543325	9471170	17
44	3211640	11358030	10813719	544311	9470236	16
45	3214395	11349456	10804158	545298	9469301	15
46	3217150	11340891	10794605	546286	9468366	14
47	3219904	11332334	10785059	547275	9467430	13
48	3222658	11323785	10775520	548265	9466493	12
49	3225412	11315244	10765988	549256	9465555	11
50	3228165	11306711	10756462	550249	9464616	10
51	3230918	11298186	10746944	551242	9463677	9
52	3233671	11289670	10737434	552236	9462737	8
53	3236423	11281162	10727931	553231	9461796	7
54	3239175	11272662	10718436	554226	9460854	6
55	3241927	11264170	10708948	555222	9459911	5
56	3244679	11255686	10699467	556219	9458968	4
57	3247430	11247210	10689993	557217	9458024	3
58	3250181	11238742	10680526	558216	9457079	2
59	3252932	11230282	10671066	559216	9456133	1
60	3255682	11221830	10661613	560217	9455186	0 min Gr.

71

71

(교토대학 이학부 수학과 서고)

🌟 책 제목에 담긴 '원더풀'의 참뜻

수학이라는 세계에는 특허가 없다. 수학이나 물리학 같은 자연법칙은 특허를 받을 수 없다는 것이 국제적인 규정이다. 법칙이나 정리는 '발견'이지 '발명'이 아니기 때문이다. '발명'만이 특허를 받을 수 있다.

수학 공식을 만든 사람(발명가)이 있다면 그는 차라리 '수학의 여신'*일 것이다. 실상 수학 공식은 마치 광부가 산속에서 "바로 여기에 있다!"라고 외치며 다이아몬드를 '발견'하는 것이나 다름없다.

한마디로 수학은 돈의 세계와는 동떨어진 학문이라 할 수 있다. 수학자는 부와 지위, 명예와는 관계없는 곳에서 수학에 맞서 왔다.

네이피어에게도 이런 부분이 있었을 것이다. 부와 지위와는 거리가 먼 동기로 20년이나 고독한 계산을 해 왔을 것이다.

아마 '더 이상 선원의 생명이 버려지는 것은 볼 수 없다.'라는 울분과 같은 감정에서였지 않을까? 혹은 '하루 빨리 로그 법칙을 확립하지 않으면 많은 생명이 사라진다.'라는 사명감도 있었을 것이다.

네이피어는 자신의 생명을 갉아먹듯 계산을 이어 갔다. 시대적

---

*감수자 주: 고대 사회에서 아테나 등의 여신을 숭배해 온 전통 때문에 '수학의 여신'이라는 표현이 사용되곤 한다.

인 숙명이었을지도 모른다.

많은 이들이 수학이라는 학문을 어려운 것을 담담히 사색하는 학문이라 생각할 것이다. 그러나 어려움을 추구하는 수학자와 과학자의 열정은 실로 엄청나다. 수학은 사랑 가득한 학문이라는 것을 알아주었으면 한다.

네이피어가 로그를 발견하는 드라마를 알게 되고 여기에 그가 8자리 로그표를 만들기 위해 13자리를 계산했다는 사실까지 알게 되었을 때 나는 이루 말할 수 없는 감동을 느꼈다.

돈이 되는 것도 아니요, 지위를 얻을 수 있는 것도 아닌데 매일을 천문학적 계산을 이어 간 네이피어. 그는 20년간의 방대한 계산을 마치고 1614년에 『Mirifici Logarithmorum Canonis Descriptio』(라틴어판, 영어판 『Description of the Wonderful Canon of Logarithms』는 1616년 간행)를 출판했다. 이는 『로그의 놀라운 법칙에 대한 기술』이란 뜻이다.

수학서임에도 제목에 'Wonderful(원더풀)'이라는 단어를 사용한 것에서 네이피어의 마음을 엿볼 수 있다. 그는 로그에서 'wonderful'을 발견한 것이다.

사람의 생명을 구하는 'wonderful'이기도 하며 수학의 여신과 만났다는 기쁨의 'wonderful'이기도 할 것이다.

책 제목에서 알 수 있듯이 로그는 영어로 'Logarithms'라고 쓰는데 이는 네이피어가 만든 조어다.

어원은 그리스어의 Logos(우주를 지배하는 논리, 신의 언어)와 Arithmos(수)로 이 둘을 조합한 것이다. 그러므로 Logarithms는 '신의 언어인 수'라고 번역해야 할 것이다.

기쁘게도 나는 『Mirifici Logarithmorum Canonis Descriptio』의 초판본을 볼 수 있었다. 그것은 교토대학[京都大学] 이학부 수학과 서고에 조용히 감춰져 있었다(교토대학 이학부의 우에노 겐지[上野健爾] 교수 덕분이다).

어느 날 1614년 초판본 표지를 살펴보다 재밌는 것을 발견했다. 저자 이름 앞에 'Auther ac Inventore'라고 적혀 있던 것이다. 이는 '저자 그리고 발명가'란 뜻이다. 아무래도 네이피어는 로그를 수학적 '발견'이라기보다 새로운 계산 기술을 '발명'한 것이라 생각했던 모양이다.

네이피어는 20년 동안 계산하면서 로그의 본질을 수의 세계에서 추출하고 획기적인 계산 시스템을 발명했다. '종이 계산기'라고 불러 마땅한 새로운 계산 방법인 '로그'를 만들었으니 말이다.

앞에서도 언급했지만 네이피어는 학자라기보다 기술자였다. 그래서 당당히 '발명'이라고 밝혔을 것이다. 어쩌면 오히려 그가 천문학자가 아니었기에 로그를 발견할 수 있었을는지도 모르겠다.

♟ '무한'에 정면으로 맞선 네이피어

네이피어는 함수 개념에 한발 더 깊이 나아갔다.

네이피어의 로그 정의에는 운동 개념이 포함돼 있으며 그는 수를 수직선 위의 점으로 생각했다. 운동의 본질은 연속성에 있고 수학은 수~실수의 연속으로 본질에 대응한다.

네이피어의 로그는 먼저 1분 단위의 수에 대한 삼각비(사인)가 주어지고 다음으로 그 삼각비에 대한 로그가 주어진다.

이런 로그를 계산하면서 그는 수의 연속성, 바꿔 말하면 무한성에 다다랐을 것이다. 즉 무리수다.

예를 들어 $\sqrt{2} = 1.414\cdots\cdots$와 같이 소수점 이하, 순환하지 않는 수가 무한히 이어지는 수가 무리수다. 무리수를 표현할 때 소수점은 정말 편리하다. 하지만 소수점이 보급되지 않았던 당시 네이피어는 1부터 10000000까지의 자연수만 생각했다.

참고로 소수의 개념은 1492년 프랑스의 프란체스코 펠로스(Francesco Pellos, 1450~1500)가 고안했다고 전해지지만, 그 표기법은 사용하기 불편했다.

네이피어는 로그표 계산 과정에서 현재의 소수점 표기를 도입했다. 소수 표기법은 1585년에 벨기에의 수학자 시몬 스테빈(Simon Stevin, 1548~1620)도 발표했지만 현재의 표기와는 다르고, 이후 네이피어가 『Mirifici Logarithmorum Canonis Constructio』(1619년 발행, 영어판 『Construction of the Wonderful Canon of Logarithms』)에서 현재의 소수점 표기를 사용했다.

네이피어가 소수점을 사용했다는 것은 '수가 무한히 이어짐'을 의미한다.

당시의 천문학자들은 수학적인 무한의 개념에 대해 '모르는 것이 약'이라는 생각을 가졌을 것이다. 정면으로 다가가면 수학의 여신에게 압사라도 당할 것이라 생각한 듯하다. 다가가지 않고 연구했던 것이다. 한마디로 도망친 셈이다.

그런데 네이피어는 그 무한에 도전했다. 로그표를 만들려면 필연적으로 무리수도 다루게 된다. 혹은 네이피어는 두려움이 없었

◆ 등비수열과 등차수열

등비수열　일정 배율로 증가(혹은 감소)하는 수열

열

2　　4　　8　　16　　32　　64　……

×2　×2　×2　×2　×2

등차수열　같은 수만큼 증가(혹은 감소)하는 수열

열

5　　10　　15　　20　　25　　30　……

+5　+5　+5　+5　+5

을지도 모른다. 하지만 그는 자기 나름의 방법으로 무한을 잘 활용했다.

네이피어는 지수도 소수도 보급되지 않았던 시대에 로그를 수의 세계에서 꺼내 보였다. 그는 등비수열이나 등차수열 사이를 누비듯 수를 찾아 로그표를 만들어 갔다.

🔺 이해받지 못한 네이피어의 로그

네이피어는 천재였다. 보통 사람은 이해할 수 없을 정도의 천재였다. 그러나 가끔 천재는 불행한 운명을 맞는다. 진정한 천재는 이해받는 데 시간이 걸린다. 죽은 후에야 인정받은 천재는 과학 세계에서 일일이 셀 수 없을 정도다.

네이피어도 그랬다. 그가 권위 있는 천문학자가 아닌 것도 불행한 일이었다. 아무도 『Mirifici Logarithmorum Canonis Descriptio』에 적힌 진리와 로그표의 획기적인 면을 이해할 수 없었기 때문이다. 네이피어의 마음은 얼마나 아팠을까?

그러나 진리만큼 강한 것은 없다. 단 한 명이었지만 네이피어를 알아주는 사람이 있었다. 그의 이름은 헨리 브리그스(Henry Briggs, 1561~1630)로 런던 그레셤 칼리지(Gresham College)의 천문학 강사였다. 진정한 천문학 전문가가 네이피어의 책을 읽고

'바로 이거다!' 하는 직감을 얻었다.

브리그스는 '왜 이런 아이디어를 이제까지 생각하지 못했을까? 도대체 누가 이런 걸 만들었지? 에든버러에 사는 네이피어? 누구지? 천문학자가 아니라고? 어떻게 이런 일이 있을 수 있지? 가만히 있을 수 없지. 빨리 네이피어라는 인물을 만나러 가야겠어.'라며 54세의 몸을 이끌고 네이피어를 만나기 위해 서둘러 배에 올랐다.

네이피어와 브리그스의 첫 만남에 대해 다음과 같은 일화가 알려져 있다.

"각하, 저는 당신을 만나서 지혜와 발견의 영감을 얻을 수 있었습니다. 천문학자에게 이렇게나 도움을 주는 로그를 처음에 어떻게 생각하셨는지 알고 싶어서 긴 여행을 거쳐 도착했습니다. 각하, 당신이 발견한 로그는 한번 깨닫고 나니 오히려 너무 쉽다는 생각이 듭니다. 이런 것을 지금까지 아무도 깨닫지 못했다니 저는 오히려 그것이 신기합니다."

시가 고지(志賀浩二), 『수의 대항해–대수의 탄생과 확대(数の大航海–対数の誕生と広がり)』

이 말을 듣고 네이피어는 브리그스가 로그를 정확히 이해하고 있다고 확신하고 그를 극진히 대접했다. 그리고 밤새도록 로그의 탄생 비화를 이야기했다고 한다. 이때 네이피어는 인생 최고의 순간을 보냈을 것이 틀림없다. 실은 브리그스가 네이피어에게 한 가지를 제안했다. 그것은 네이피어가 만든 로그를 실용적으로 사용할 수 있도록 로그표를 쇄신하자는 아이디어였다.

네이피어의 로그표는 획기적이기는 했지만 실용성을 따져 보면 사용하기 쉽지 않았다. 계산이 쉬워지긴 했지만 여전히 복잡했다.

브리그스는 "새로운 로그표를 만듭시다!"라는 말을 가슴속에 담아 두고는 어떻게 말을 꺼내야 할지 몰라 망설였다. 로그표를 다시 만들자는 것은 64세인 네이피어에게 "다시 한 번 20년이라는 세월 동안 계산해야 한다."라고 말하는 것이나 다름없었기 때문이다.

그는 엄청난 부탁이라 쉽게 말을 꺼낼 수 없었지만 네이피어가 로그에 깊은 애정을 지닌 것을 알고는 용기를 내기로 했다. 그리고 로그표의 장점과 단점을 냉정히 하나씩 지적한 후 네이피어에게 다음과 같이 물었다.

"각하, 당신이 만든 로그표는 과학사에 길이 남을 위대한 업적입니다. 그러나 말씀 드리기 송구스럽지만 사용하기가 어렵습니다. 이대로는 실용적이지 않습니다. 이 문제를 해결해 주실 수 있나요?"

네이피어는 즉각 대답했다.

"역시 브리그스 군일세. 사실은 나도 완성 직전에 그 점을 깨달 았네. 그런데 이걸 수정하기에는 내 인생이 얼마 남지 않았네. 이 로그표를 만드는 것 이외에는 방법이 없었어. 하지만 자네가 말한 대로야. 알겠네. 자네와 내가 함께 새로운 로그표를 만들어 보세."

브리그스는 "그럼 저는 내년에 다시 오겠습니다."라고 약속하 고는 집으로 돌아갔다.

🔺 상용로그 '$y = \log_{10}x$'의 탄생

브리그스는 네이피어와 편지로 새로운 로그에 대해 논의했다. 그 리고 1616년 새로운 로그, 즉 밑을 10으로 하는 '상용로그'가 탄 생한다.

두 번째로 네이피어를 방문한 브리그스는 그와 기쁨을 나눴을 것이다. 하지만 브리그스는 서둘러 그의 곁을 떠나야 했다.

"각하, 다시 돌아오겠습니다. 그때까지 새 로그표를 만들어 올

◆ 로그 공식

$$\log_{10} 1 = 0$$

$$\log_{10} xy = \log_{10} x + \log_{10} y$$

테니 1년만 더 기다려 주십시오."

아마 브리그스는 네이피어의 여명이 얼마 남지 않았다는 것을 직감해 1년이라는 기한을 정했을 것이다. 새 로그표를 보면 네이피어가 안심하고 눈을 감을 수 있을 거라 확신했기 때문이다.

브리그스는 런던으로 돌아가 새로운 로그표를 작성하기 시작했다. 그리고 약속한 대로 1년 만에 이를 완성했다. 그것도 1000까지에 대한 14자리라는 엄청난 정밀도를 지닌 로그표였다.

이것이 현재 고등학교 교과서에 나오는 '$y = \log_{10} x$' 상용로그표의 바탕이다. 이 새로운 로그표로 1의 로그는 0이 되며 곱셈은 덧셈으로 바꿀 수 있게 되었다.

🎄 인류의 영지인 로그

브리그스가 세 번째로 네이피어를 방문하려 할 때 한 통의 부고가 전달됐다. 네이피어의 죽음을 알리는 편지였다. 1617년 4월 4일이었다.

브리그스는 어떤 마음으로 그 편지를 읽었을까? 그는 그 편지를 손에 쥐고 '$y = \log_{10} x$'의 계산식이 적힌 종이가 흩날리는 책상 앞에 멍하니 서 있었을 것이다.

나는 부고가 네이피어에게 온 마지막 메시지였다고 생각한다.

"브리그스 군, 자네라면 로그표를 완성할 수 있네. 괜찮네. 오지 않아도 되네. 거기서 계산을 계속하시게."

브리그스는 네이피어의 죽음을 이런 뜻으로 받아들이지 않았을까? 그는 정말로 네이피어의 뒤를 잇듯 63세까지 100000까지의 로그표를 완성했다. 이후 그 편리함이 알려져 전 세계를 놀라게 했으며 결국 그것은 '브리그스 로그표'라고 불리게 됐다.

그 후 '브리그스 로그표'는 경쟁하듯 개선돼 일본에는 에도[江戶] 시대에 전해졌다. 그리고 큰 수를 계산하는 사람들에게 커다란 도움을 주었다.

이와 동시에 네이피어의 이름은 잊혔다.

네이피어는 결국 로그가 얼마나 세상에 도움이 되는지 보지 못하고 세상을 떠났다. 그는 어떤 생각을 하며 숨을 거뒀을까? 무념무상의 상태였을까?

나는 다르게 생각한다. 수학의 여신은 네이피어를 버리지 않았고 단 한 명이긴 하지만 브리그스라는 진정한 후계자를 보내 줬다고. 마치 육상 경기의 릴레이에서 바통을 터치하듯 말이다.

수학은 이어달리기와 같은 학문이다. 바통을 후대에 전달하며 앞으로 전진한다. 후대는 선조들이 발견한 법칙을 사용해 수의 세계로 더욱 깊이 들어간다.

로그는 네이피어로부터 발견돼 오늘날 인류의 영지가 됐다. 인

간의 생명을 구하기 위해 20년간 계산을 거듭한 네이피어는 그것
으로 족했을 것이다.

　네이피어가 발견한 로그는 그 후에도 수학이나 천문학, 물리학
의 세계에 큰 영향을 미쳤다. 사실 네이피어와 동시대를 살았던
독일의 천문학자 요하네스 케플러는 지동설을 결정적으로 만든
'케플러의 법칙'을 발견한 것으로 유명한데, 그 역시도 로그를 연
구했다.

요하네스 케플러 Johannes Kepler, 1571~1630
행성 운동에 관한 '케플러의 제3법칙'을 발견한 것으로 유명하다.

　그리고 만유인력으로 유명한 뉴턴은 '미적분'의 토대를 만들었
는데 이때 로그와 비슷한 것을 사용해 계산했다.

🌟 오일러의 'e'가 네이피어의 수라 불리는 이유

네이피어는 혼자서 한 줄기의 빛도 보이지 않는 숲 속을 걸어 들
어갔다. 그리고 수의 본질을 찾는 도중 수의 신묘한 관계성을 접
했고 등비수열과 등차수열의 일정한 규칙을 찾기에 이르렀다.

　수학의 여신은 스스로 모습을 드러내지 않는다. 계산하는 사람

만이 여신의 방으로 초대된다. 네이피어는 진정으로 여신에게 축복받은 사람이었다고 할 수 있다.

그리고 경건한 그리스도교 신자였던 그는 매일같이 기도했을 것이다.

"이 계산이 끝날 때까지 저에게 생명을 허락하소서."

그는 역경 끝에 로그의 법칙을 나타내는 45페이지의 공식에 도달했다.

이 공식은 무척 신기하다. 브리그스조차도 이 공식의 진정한 의미를 이해하지 못했다.

이 공식이 내포한 진정한 의미는 100년이 훌쩍 넘은 뒤 스위스의 천재 수학자 레온하르트 오일러에 의해 밝혀졌다.

레온하르트 오일러Leonhard Euler, 1707~1783
다양한 수학적 업적을 내놓았으며 그의 이름을 붙인 방정식, 등식, 정의 등이 많다.

결론부터 말하자면 네이피어의 로그는 사실 '자연로그'라 불리는 것이었다. '자연로그'란 즉, 밑을 네이피어 수 e(=2.71828……)로 하는 로그다. 네이피어는 10000000을 최대수로 생각했다. 이를 무한대로 바꾸면 네이피어의 로그는 $y=\log_{e^{-1}}x$다.

네이피어는 최첨단을 걷고 있었다. 그는 자연로그를 발견해 브

$$y = \log_{0.9999999} \frac{x}{10000000}$$

리그스와 함께 상용로그를 만들었고 그에 따라 수학이 발전해 오일러에 이르렀다. 그리고 오일러에 와서 쾌거라 할 수 있는 자연대수 'e'가 발견됐다.

오일러는 네이피어와 브리그스의 로그를 자세히 연구했다. 수학적으로 말하면 'e'는 원주율에 필적할 만큼 중요한 수로 미적분의 근본이 되는 정수다.

왜 오일러가 발견한 자연대수 'e'를 '네이피어 수'라 부를까? 이는 네이피어의 첫 로그에 'e'의 개념이 등장하기 때문이다.

🔺 인간에게는 로그가 심어져 있다?

항해사가 되고 싶은 사람들은 지금도 훈련하는 배 위에서 별의 위치와 태양의 위치를 관측하고 이마에 땀이 맺힐 때까지 그 값을 계산해 배의 현재 위치를 파악하는 훈련을 여러 번 반복한다고 한다.

그야말로 몸에 밸 때까지 반복을 거듭하기에 "계산 같은 거 하기 싫어서 선원이 되려고 했더니!"라고 한탄하기 쉽다.

물론 지금은 GPS를 사용해 배의 현재 위치를 계측한다.

그래도 항해사 시험 문제에는 시계의 오차, 육분의의 오차, 기온, 해수의 온도 등 여러 조건이 주어진 상태에서 '두 항성의 관측 데이터에서 천체력을 참고해 배의 위치를 구하라.' 같은 문제가 흔히 출제된다.

즉 지금도 변함없이 선원들은 천체력에 목숨을 걸고 있다. 왜일까? 이유는 간단하다. GPS와 같은 정밀 기기는 바닷물에 쉽게 고장 나기 때문이다. 혹은 전지가 수명을 다해 사용할 수 없을 때도 있다.

천체력과 시계 그리고 육분의만 있으면 현재 위치와 나아가야 할 방향을 알 수 있는 과거의 기술을 적용할 수 있다. 분명 GPS가 고장 나 조난될 것 같을 때 "이 계산을 배워 둬서 다행이다."라며 고마움을 느끼는 항해사들이 있을 것이다.

이는 처음 항해술이 확립됐을 당시의 선원들도 마찬가지였으리라. 자신의 눈과 두뇌로 현재 위치를 파악할 수 있게 될 때야 비로소 배 조종이 허락되는 것은 당연한 일일 것이다.

참고로 '시계'와 육분의로 사용하는 '렌즈'가 발달한 것은 이 대항해 시대였다. 이는 모두 선원의 생명을 이어 주는 도구였기 때문이다.

시계가 1분이라도 틀리면 해상에서는 수 킬로미터, 수십 킬로미터까지 위치에 오차가 생긴다. 따라서 거친 파도로 배가 흔들려도 기온이 급격히 변해도 정확한 시간을 알려주는 시계가 반드시 필요하다. 그리고 렌즈가 조금이라도 일그러져 있으면 별의 위치를 정확히 측정할 수 없다. 잘못 보거나 간과하면 조난당하기 십상이다.

당시의 선원들은 시계와 육분의 그리고 로그의 발견으로 정확해진 천체력에 목숨을 걸고 국가적 사명을 다하기 위해 망망대해로 모험을 떠났다. 그렇게 유럽의 근대사가 펼쳐졌다.

항해술 이외에도 예를 들어 공학의 세계, 특히 음향을 다루는 엔지니어들은 로그를 잘 알아야 한다. 그 이유는 인간이 느끼는 음이 로그로 비례하기 때문이다.

인간의 귀에 들리는 음의 범위는 최소 에너지를 1로 했을 때 최대 음이 백만이다. 즉 1부터 10의 6제곱까지의 범위다.

신기한 것은 예를 들어 10+10의 음, 즉 원래의 두 배로 음의 크기를 늘려도 인간의 귀는 '그 크기가 두 배가 됐다.'라고 느끼지 못한다. 10의 음이 10×10, 즉 100이 됐을 때 '두 배가 됐다.'라고 느낀다.

한마디로 인간은 덧셈이 아니라 곱셈으로 음을 느낀다. 이는 음

육분의와 함께 네이피어 수 e와 자연로그 ln*이 담겨 있다(1971년, 니카라과).

뿐만이 아니다. 사람의 오감이 다 그렇다. 이는 '감각의 세기는 자극의 로그에 비례한다.'는 '베버·페히너의 법칙(Weber–Fechner's law)'(1840년)으로 설명할 수 있다.

신은 인간의 신체에 로그를 새겨 넣은 것이 아닐까? 로그를 인식하기 시작하니 지금까지 눈에 보이지 않던 자연 현상이 이해되기 시작했다.

네이피어가 발견한 로그는 과거에서 미래로 무한히 흘러가는 우주 법칙의 음률이지 않을까? 네이피어는 평생에 걸쳐 이 조화로운 선율을 음미한 것이다.

------

* 자연로그 ln: 네이피어의 자연로그를 상용로그($\log x$)와 구별하기 위해 'ln x'로 쓰는 경우가 많다.

🔺 많은 기술 선진국들을 만든 로그

학창 시절, 네이피어가 로그를 발견하기 위해 상상을 초월할 만큼 계산에 몰두했다는 사실, 그리고 시대를 너무 앞섰기에 아무도 그를 이해하지 못했다는 사실을 알고는 무척 감동받았다.

수학자가 아니었던 네이피어가 수학의, 아니 인간의 역사를 바꾼 로그라는 위대한 업적을 남겼다. 이 사실은 '수학이란 무엇인가?'라는 물음에 답을 안긴다.

현대의 많은 기술 선진국들은 고된 전쟁을 치르고도 로그를 계산기로 이용해 기술 대국의 지위를 쌓아 나갈 수 있었다.

현재 네이피어가 살던 머치스턴 성은 네이피어 대학으로 바뀌어 계속해서 젊은 재능을 키워 내고 있다. 스코틀랜드에서는 위인으로 존경받는 네이피어지만 여전히 그를 모르는 사람들이 많다.

하지만 그의 로그는 확실히 모두와 이어져 있다.

네이피어, 당신은 아무도 생각지 못한 아이디어를 어떻게 생각해 냈는지요?

소수도 지수도 없던 시절, 당신은 로그를 만들었습니다.

무엇이 당신을 그 길로 이끌었는지요?

로그표 작성.

이는 방대한, 그리고 상상을 초월하는 계산과의 싸움이었을 것입니다.

네이피어, 당신은 홀로 맞섰습니다.

그 모습을 상상하면 제 마음은 용기와 감동으로 가득 찹니다.

네이피어, 당신이 만든 로그는 당신의 바람대로 계산의 고통에서 사람을 구했으며 항해술에도 영향을 미쳐 많은 선원들의 목숨을 구했습니다.

그만큼 로그의 위력은 컸습니다.

당신의 깊은 생각이 만든 로그는 여전히 과학과 사회를 움직이고 있습니다.

저는 당신과 같이 위대한 인물이 있었다는 것을 한 사람이라도 더 많이 알기를 바랍니다.

저는 당신이 어떤 마음으로 로그를 만들었을지 전하고 싶습니다.

한번 움직인 마음의 파도는 영원히 물결쳐 나갑니다.

시공간을 초월해 무한히 뻗어 갑니다.

지금 400년이란 시간과 공간을 뛰어넘어

네이피어, 저는 당신의 마음의 소리를 느끼고 있습니다.

네이피어, 제 목소리가 들리나요?

멀리 떨어진 나라에서 여전히 당신을 생각하는 사람이 많다는 것을 알아주면 좋겠습니다.

네이피어, 당신의 영혼과 만날 수 있어서 행복합니다.

감사합니다. 네이피어!

제2장

뉴턴

여전히 세계를 움직이는
천재 물리학자

아이작 뉴턴Isaac Newton, 1642~1727
뉴턴 역학을 확립하고 만유인력 및 운동의 법칙을 발견하는 등 후세에 큰 영향을 미쳤다.

✧ 뉴턴의 '기적의 2년'

수학과 물리학은 돈이 되지 않는다. 독일의 물리학자 알베르트 아 인슈타인, 앞서 언급한 존 네이피어, 인도의 수학자 스리니바사 라마누잔, 스위스의 레온하르트 오일러, 독일의 수학자 카를 프리 드리히 가우스. 이들은 무엇을 꿈꾸고 무엇을 생각하며 돈도 되지 않는 세계를 탐험했을까?

　뉴턴의 알려지지 않은 본래 모습을 들여다보면 이에 대해 그리

어렵지 않게 답을 찾을 수 있다. 뉴턴이 등장하기 얼마 전까지는 요하네스 케플러, 이탈리아의 물리학자 갈릴레오 갈릴레이, 프랑스의 철학자 블레즈 파스칼과 르네 데카르트 등 쟁쟁한 인물들이 수학과 물리학의 세계에서 사색을 거듭했다.

카를 프리드리히 가우스Carl Friedrich Gauss, 1777~1855
아르키메데스, 뉴턴과 함께 '세계 3대 수학자'라 불린다.

갈릴레오 갈릴레이Galileo Galilei, 1564~1642
'근대 과학의 아버지'라 불린다.

블레즈 파스칼Blaise Pascal, 1623~1662
확률 연구 등으로 유명하다.

르네 데카르트Rene Descartes, 1596~1650
합리주의 사상을 전개해 수학 세계에도 큰 영향을 미쳤다.

뉴턴은 그들의 업적을 계승하듯 수의 세계에 도전했다. 단순히 물리학자로 알려져 있지만 정확히 말하자면 그는 수리물리학자였다.

뉴턴은 1642년 12월 25일 크리스마스에 태어났다. 1642년은 위대한 갈릴레오 갈릴레이가 하늘로 간 해이기도 해서 뉴턴은 갈릴레오가 환생한 것이라는 말도 있다.

뉴턴은 홀어머니 밑에서 자랐다. 유복한 교육 환경은 아니었지만 이후 기특하게도 캠브리지 트리니티 칼리지(Cambridge Trinity College)에 입학하게 된다. 뉴턴이 어머니에게 버림받았다고 주장하는 책도 있지만 실제로는 어머니, 할아버지와 같은 좋은 사람들 사이에서 애정을 받으며 자랐다고 한다.

그리고 그에게 '기적의 2년'이 찾아온다. 뉴턴의 주요 연구 성과는 1665년부터 1667년에 이르는 2년 동안 집중적으로 몰려 있다.

그 배경에는 당시 영국에서 유행한 '흑사병'이 자리한다. 흑사병은 죽음에 이르는 병이다. 런던에서 흑사병이 크게 퍼지자 대학은 폐쇄됐고 고향으로 돌아간 뉴턴은 잡다한 일에 신경 쓸 필요 없이 연구에만 몰두했다. 그 결과 위대한 발견이 속출했다.

아인슈타인이 1905년에 연속으로 세 개의 이론('브라운 운동', '상대성 이론', '광양자 가설')을 논문으로 정리한 까닭에 그 해를 '기적의 1905년'이라 부르는데, 뉴턴에게 기적의 해는 이 2년간이었다.

✿ 그래프의 면적을 구하다

다음의 그림을 살펴보자. $y = \dfrac{1}{1+x}$ 이라는 쌍곡선의 제1상한$(x > 0,$ $y > 0$ 부분) 그래프가 있다. 뉴턴은 '쌍곡선과 x축으로 둘러싼 부분의 면적을 어떻게 구할 것인가?'에 대해 생각했다.

◆ 쌍곡선 $y = \dfrac{1}{1+x}$ 그래프

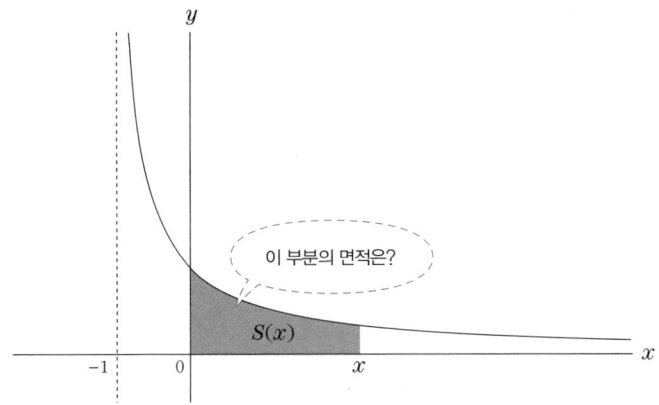

그는 $y = \dfrac{1}{1+x}$ 을 그대로 나눴다. 그러자 다음과 같은 답을 얻었다.

$$y = \frac{1}{1+x} = 1 - x + x^2 - x^3 + \cdots\cdots$$

이는 '무한급수(급수의 항이 무한히 이어지는 것)'다. 뉴턴은 이 시점에서 '무한급수' 이론에 착수한다.

왜 뉴턴을 물리학자가 아닌 수리물리학자라고 하는가? 그 이유는 그가 이 수학 이론을 거의 자신의 힘으로 만들었기 때문이다.

그는 단순히 기존의 수식을 응용하지 않았다.

뉴턴은 $\dfrac{1}{1+x}$ 을 적분하면 면적을 구할 수 있다는 사실을 알고

있었다. 그러나 분수 함수의 적분법을 몰랐기에 말하자면 오른쪽 변의 다항 함수, 즉 학교에서 배우는 x^2, x^3을 '각각 적분하면 된다.'라고 생각했다.

그러면 다음과 같은 식을 쓸 수 있다.

$$S(x)=\log(1+x)=x-\frac{x^2}{2}+\frac{x^3}{3}-\frac{x^4}{4}+\cdots\cdots$$

이를 수학에서는 '항별 적분'이라 하는데, 뉴턴은 이 항별 적분으로 면적을 계산할 수 있다고 생각했다.

현재 고등학생이며 이 단계의 과정을 배우는 중이라면 '$\frac{1}{1+x}$을 적분하면 $\log(1+x)$가 됨'을 알고 있을 것이다. 참고로 이는 앞서 언급한 '자연로그'다.

🔺 50자리를 자신의 손으로 계산한 '계산의 달인'

뉴턴이 엄청난 이유는 범접하지 못할 계산 능력을 지녔기 때문이다. 뉴턴은 log의 무한급수 전개를 사용해 log의 값을 정교하게 계산했다. 급수란 수열을 더한 식이다. 이와 같은 형태로 식을 바꾸는 것을 급수 전개라고 한다.

다음의 표를 살펴보자. 이 표에서처럼 먼저 +와 −의 두 식을

$$\frac{1}{2}\{\log(1+x)-\log(1-x)\} = x+\frac{x^3}{3}+\frac{x^5}{5}+\frac{x^7}{7}+\cdots\cdots$$

$$\frac{1}{2}\{\log(1+x)-\log(1-x)\} = -\left(\frac{x^2}{2}+\frac{x^4}{4}+\frac{x^6}{6}+\frac{x^8}{8}+\cdots\cdots\right)$$

이 두 식에 $x=0.1$을 대입해 계산하면……

log1.1과 log0.9를 구할 수 있다!

준비한다. 그리고 x에 0.1을 대입해 계산한다.

그러면 연립 1차 방정식의 값으로 log1.1과 log0.9를 얻을 수 있다.

$$\log 1.1 = 0.0953101798043$$

$$\log 0.9 = -0.105360515657$$

또 다른 식을 살펴보자.

x에 0.0016을 대입하면 log0.9984를 계산할 수 있지만, 다른 방법으로도 계산해 보자.

0.9984를 $2^8 \times 3 \times 13 \times 10^{-4}$으로 바꾸면 다음과 같다.

$$\log 0.9984 = 8\log 2 + \log 3 + \log 13 - 4\log 10$$

즉 log0.9984의 값은 log2, log3, log13, log10의 값으로 계산할 수 있다는 뜻이다.

이처럼 뉴턴은 50자리를 직접 계산해 확실히 대조한 후 계산이 정확하다는 것을 확인했다. 그는 드물게도 매우 뛰어난 계산 능력을 지닌 수학자였다.

⭐ 뉴턴과 세키 다카카즈의 공통점

실은 일본 에도 시대의 수학자인 세키 다카카즈(제3장 참조)도 뉴턴과 같은 방법을 사용했다.

세키는 원주율을 계산하기 위해 원에 내접한 정다각형을 사용했다. 2의 16제곱이 65536, 그 두 배인 131072로 세키는 정131072각형을 만들었다.

이 둘레의 길이를 계산하고 여기에 이와 같이 외접한 오각형을 다시 한 번 계산해 위아래로 끼워 원주율을 계산했다.

뉴턴과 세키 다카카즈. 영국과 일본으로 각기 출생지는 다르지만 그들은 거의 같은 시기에 태어났다. 세키 다카카즈는 평범한 무사, 뉴턴은 가난한 농부였다. 이런 두 사람이 어떻게 이러한 계산을 할 수 있었을까? 뉴턴은 다음과 같이 말한 바 있다.

> 📖 나는 그저 대상을 앞에 두고 밤의 어둠이 걷히고 하늘이 살짝 우윳빛을 띠며 서서히 밝아져 이윽고 완전히 환해질 때까지 계속 기다린다.
>
> 제임스 글릭(James Gleick) 지음, 오누키 쇼코[大貫晶子] 옮김, 『뉴턴의 바다ㅡ만유인력의 진리를 찾아서[ニュートンの海万物の真理を求めて]』

과학자와 수학자에게는 이런 인내가 중요하다. 세키 다카카즈도 뉴턴도 그저 가만히 기다리고 오랫동안 생각한 덕분에 위대한 성과를 남길 수 있었다.

⭐ '미분의 뉴턴'과 '적분의 라이프니츠'

여기서 뉴턴의 스승이었던 존 월리스(John Wallis, 1616~1703)가 발견한 원주율 공식을 소개한다. 월리스는 무한과 관련된 연구에서 업적을 남긴 수학자로 무한대를 표시하는 기호(∞)를 창안했다.

60페이지의 원주율 공식을 살펴보자. 월리스의 공식은 무척 리듬감 있다. 이를 계산하면 3.14159265……를 얻을 수 있다.

월리스의 공식

$$\frac{\pi}{2} = \frac{2 \times 2 \times 4 \times 4 \times 6 \times 6 \times 8 \times \cdots\cdots}{1 \times 3 \times 3 \times 5 \times 5 \times 7 \times 7 \times \cdots\cdots}$$

라이프니츠의 공식

$$\frac{\pi}{4} = 1 - \frac{1}{3} + \frac{1}{5} - \frac{1}{7} + \frac{1}{9} - \frac{1}{11} + \frac{1}{13} - \cdots\cdots$$

이어서 독일의 수학자 고트프리트 빌헬름 라이프니츠가 발견한 원주율 공식을 살펴보자.

고트프리트 빌헬름 라이프니츠Gottfried Wilhelm Leibniz, 1646~1716
철학, 수학, 정치 등 폭넓은 분야에서 활약했으며 미적분법을 독자적으로 발견했다.

라이프니츠는 뉴턴의 숙적이라 불린다. 그는 적분 기호 '$\int$'을 디자인하기도 했다. 뉴턴은 시간을 한 번 미분한 값(속도)을 $\dot{x}$, 시간을 두 번 미분한 값(가속도)을 $\ddot{x}$로 표시했다.

미적분은 비슷한 시기에 만들어졌으며 '누가 처음 만들었는가?'가 문제가 됐고 뉴턴과 라이프니츠의 싸움으로 번졌다.

뉴턴과 라이프니츠가 사망한 후에도 영국과 독일의 싸움은 계속됐다. 진리를 처음으로 발견한 사람의 머리 위에만 빛나는 영광의 관이 놓이는 것이 과학의 세계다.

단, 당시의 뉴턴과 라이프니츠는 개인의 영광 따윈 안중에 없었을 것이다. 그들이 당시에 주고받은 편지를 보면 이 사실이 잘 드러난다. 그들은 그저 진리를 알고 싶었을 뿐이다.

🔺 천체 운동을 밝히다

뉴턴은 '운동'을 생각하기 위해 여러 가지 방법을 찾았다.

왜 달은 떨어지지 않는 걸까?

아주 큰 물체가 대우주 안에서 움직인다. 이는 유체 역학(기체나 액체와 같은 유체 운동을 연구하는 물리학의 한 분야)이지만 뉴턴은 거기서 미적분의 사고에 도달했다.

정확하게 뉴턴은 유체 역학적인 '유율법(fluxions, 유체의 일정 시간에 증감하는 유량)'이라는 단어를 사용했다. 그는 이것을 힌트로 미분법을 만들었다.

뉴턴의 운동 방정식이라 불리는 공식은 다음과 같다.

$$F=ma$$

F는 물체에 걸리는 힘, m은 질량, a는 가속도다.

실은 뉴턴이 이 방정식을 직접 제시한 것은 아니다. 이를 수식화한 것은 오일러다. 뉴턴은 이 수식을 쓰지 않았지만 오일러가 뉴턴의 저서를 연구해 깔끔한 수식으로 정리한 것이다.

수학은 언어이므로 문자와 기호를 만들어야 한다. 수학자는 문자도 기호도 없는 아이디어가 머릿속에 떠올랐을 때 이를 표현하는 언어로서 문자와 기호를 만들어 개념을 완성하는 역할을 수행해야 한다.

🔺 원은 직선이다!?

오일러는 '미분의 언어'를 사용해 뉴턴의 운동 방정식을 $F=ma$로 깔끔히 정리했다.

그렇다면 뉴턴이 제시한 미분은 무엇일까?

그것은 '모든 것을 기하학적으로 생각하는 것'이었다.

원은 국소적으로 직선이다. 뉴턴은 원을 현미경으로 자세히 들여다보다가 '원은 직선이 된다.'라는 사실을 깨달았다.

접선은 어떤 때에도 반드시 한 줄로 그릴 수 있다. 이 접선은 중

◆ 접선의 기울기

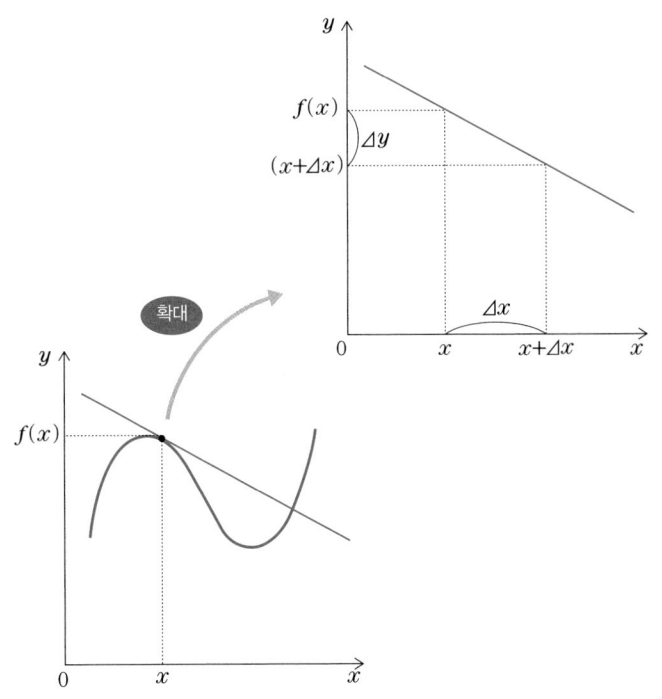

$$접선의\ 기울기 = \frac{\varDelta y}{\varDelta x} = \frac{f(x+\varDelta x) - f(x)}{\varDelta x}$$

심에서 그린 다른 선과 직교한다. 그러면 중학생 수준의 수학 지식으로도 이를 계산할 수 있다.

즉 곡선에 한 접선을 그릴 수 있다는 것은 그 접선이 '직선과 같다.'라고 말할 수 있다는 뜻이다.

이를 시험 삼아 계산해 보자. (63쪽 그래프 참고)

직선 안에서 Δx의 거리만큼 떨어뜨린 두 점을 만든다. x좌표는 x와 $x+\Delta x$가 된다. 각각의 y좌표는 $f(x)$와 $f(x+\Delta x)$다. 이것으로 접선의 기울기도 구할 수 있다.

$$기울기 = \frac{\Delta y}{\Delta x} = \frac{f(x+\Delta x)-f(x)}{\Delta x}$$

예를 들어 $f(x)=x^2$이라고 하자. 그러면 Δx는 거의 0에 가까워지므로 기울기는 $2x$가 된다.

$$기울기 = \frac{\Delta y}{\Delta x} = \frac{(x+\Delta x)^2-x^2}{\Delta x} = 2x+\Delta x \fallingdotseq 2x$$

즉 x^2의 미분이다. 이것이 x^2 접선의 기울기에 해당한다. 뉴턴은 위와 같은 계산법을 생각해 냈다.

이 식에 뉴턴의 발명이 담겨 있다. 바로 $(x+\Delta x)^2$ 부분이다.

수학적으로 미분은 대부분 오일러가 완성했지만, 뉴턴의 이름을 불멸의 것으로 만든 것이 $(x+y)^n$을 전개하는 방법을 나타낸 '이항 정리' 공식이다.

뉴턴은 이를 매우 정밀하게 계산했다. 한마디로 대단한 관찰력을 지녔다고 할 수 있다.

그는 원을 세심히 살펴보고 계산한 후에야 원운동(물체가 한 원주를 따라 도는 운동)을 제대로 설명할 수 있었다. 모든 것이 기하학적으로 잘 들어맞았던 것이다.

뉴턴은 이처럼 아주 작은 세계를 생각하고 그 첫발을 내디뎠다.

🌸 원운동은 왜 일어나는가?

뉴턴의 이름을 불멸로 만든 것은 『프린키피아(Principia)(자연 철학의 수학적 원리)』(1687)라는 저작이다. 이 책에는 유명한 '사고 실험'이 나온다. 사고 실험이란 원리적으로 가능하리라 여겨지는 실험 방법으로, 예상된 조건 아래 일어나리라고 예측되는 현상을 생각만으로 성립시키는 것이다. 원운동은 왜 일어나는 것일까?

예를 들어 야구 경기에서 투수가 공을 던진다고 하자. 그가 천천히 던지면 공은 바로 지면으로 떨어진다. 조금 빠르게 던지면 조금 멀리 날아간다. 점점 빠르게 던지면 공도 점점 멀리 날아간다.

다음 페이지의 그림을 살펴보자. 속도가 느리면 D지점, 조금 빠

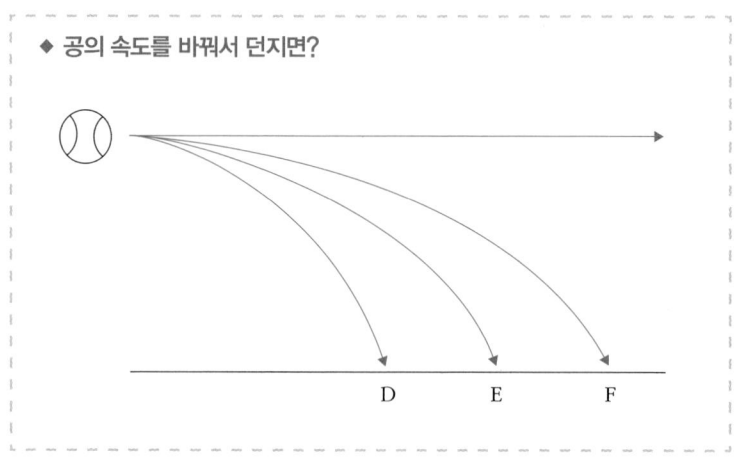

◆ 공의 속도를 바꿔서 던지면?

D   E   F

르면 E지점, 조금 더 빠르면 F지점으로 날아간다. 더욱 빠르게 던지면 어떤 속도에서 지구를 한 바퀴 돌아 처음 공을 던진 지점으로 돌아온다(어디까지나 가설이다).

바로 앞에서 말한 대로라면 공이 투수의 머리로 날아드니 고개를 조금 숙여서 공을 던진다. 그러자 공은 또 지구를 돌기 시작한다. 이것이 원운동이며 공은 일정 속도에 도달하면 떨어지지 않는다.

그리고 이런 현상은 매우 유명한 '뉴턴의 사과' 이야기로 이어진다.

달과 사과는 과연 다를까?

독자들에게 질문이 있다.

사과나무에 달려 있던 사과가 잘 익으면 얼마 지나지 않아 땅에 툭 하고 떨어진다. 그런데 밤하늘의 달은 왜 떨어지지 않을까?

그 이유에 대해 당시 기독교의 사제들은 이렇게 말했다.

"달은 천상계의 규칙으로 움직이고 사과는 지상계의 규칙으로 움직이기 때문이다."

뉴턴은 이 말에 수긍하지 않았다.

그렇다면 사과도 아주 높이 올리면 달과 똑같이 떨어지지 않아야 할 것 아닌가? 즉 그는 사과에도 달과 같은 규칙과 힘이 작용한다고 생각했다.

뉴턴은 사과와 달의 차이를 생각했다. 그리고 이를 '물체의 운동 방향과 수직으로 움직이는 힘(지상에서는 중력)이 있어서 일어나는 운동(원운동)'이라 했다. 이것이 '뉴턴의 사과' 이야기다. 그는 사과가 나무에서 떨어지는 것을 보고 '만유인력의 법칙'을 발견한 것이 아니다.

'만유인력의 법칙'은 다음과 같다.

$$F = \frac{Gm_1 m_2}{r^2}$$

F는 만유인력(질량을 지닌 모든 물체가 서로 잡아당기는 힘)의 크기, G는 중력 상수, 분자 m_1과 m_2는 질량, 분모 r은 거리다. r 위

에 지수 2가 있는데, 이것이 참 어렵다.

'분모가 r의 제곱'이라는 것은 '거리의 제곱에 반비례하는 힘이 작용한다.'라는 뜻이다. 따라서 만유인력은 거리가 멀면 멀수록 작아진다. 반대로 가까워지면 그만큼 큰 힘, 즉 서로 끌어당기는 힘인 인력이 작용한다.

'만유인력의 법칙' 발견에 케플러의 숙제도 큰 힌트가 됐다. 1666년 뉴턴은 케플러의 행성 운동에 관한 '제3법칙'(타원 궤도 법칙, 면적 속도 일정의 법칙, 조화의 법칙)을 어떻게 설명할 수 있는지 계산했다. 이는 '거리의 제곱에 반비례하는 힘이 작용하면 지구는 타원 궤도를 그리며 태양을 돈다.'라는 것이었다.

즉 뉴턴은 케플러의 법칙 뒤에 만유인력의 법칙이 있다는 것을 밝혀 냈다. 그는 '행성은 타원 궤도를 그린다.'라는 케플러 제1법칙을 계산으로도 기하학적으로도 증명해 냈다.

참고로 뉴턴은 이를 계산한 결과로 얻은 '만유인력의 법칙'을 십여 년간 발표하지 않았다.

🔺 자동차도 비행기도 모두 $F=ma$로 설명된다

그럼 현재 과학의 최대 문제는 무엇일까?

바로 물리학 문제다. '만유인력'과 '중력'은 현재에도 중요하게 다뤄지는 주제다. 뉴턴은 처음으로 정량적인 거리와 질량을 가지고 수식, 공식, 방정식을 이용해 '힘'이라는 것을 설명해 보였다.

중력장, 자기장 등 물리량이 분포된 공간을 '장'이라 부른다. 현재 물리학에서는 이에 관한 '장 이론'을 가장 근본적인 개념이라 여긴다. '장 이론'으로 생각해 보면, 중력 같은 고전적인 역학을 양자 역학의 원리로 바꾸는 양자화(量子化)로

'왜 인력인가?'

'왜 거리의 제곱에 반비례하는 힘이 작용하는가?'

를 근본적으로 설명해야 한다.

소립자의 근본 원리에 대한 설명은 아직까지는 이뤄지지 않았다.

뉴턴은 겨우 2년 만에 수리물리 연구를 마쳤다. 그 기적의 2년 동안 뉴턴은 부동의 지위를 확립했지만 계산 결과만큼은 그가 봤을 때도 어중간했을지 모르겠다.

하지만 놀랍게도 뉴턴이 2년간 계산한 성과가 지금까지 전 세계를 지배하고 있다. 여러분이 평소에 타는 자동차는 물론 비행기도 이 '$F=ma$'로 설명할 수 있다.

그 설명에 상대성 이론은 사용되지 않는다. '뉴턴 역학'만으로

도 충분하기 때문이다.

🌰 빛은 '파동'인가 '입자'인가?

뉴턴의 운동 방정식은 양자 역학의 파동 방정식으로 발전한다. 지구와 사과는 서로 끌어당긴다. 이것이 만유인력이다.

그럼 전자(電子)와 같은 미시적 세계도 이러한 구조일까?

그렇지 않다. 미시적 세계에는 독자적 규칙인 양자 역학이 있다. 이때 중요한 것이 뉴턴의 '빛 이론'이다.

물리학의 큰 주제 중에 '빛이란 무엇인가?'가 있다.

뉴턴의 숙적은 수학의 세계에서는 라이프니츠였지만 물리학에서는 네덜란드의 하위헌스(Christiaan Huygens, 1629~1695)였다. 하위헌스는 '빛은 파동'이라고 생각했고 뉴턴은 '빛은 입자'라고 주장했다.

빛의 정체를 둘러싼 논쟁은 20세기에도 이어져 아인슈타인(제4장), 덴마크의 물리학자 닐스 보어(제5장), 독일의 물리학자 베르너 하이젠베르크, 오스트리아의 물리학자 에르빈 슈뢰딩거, 일본의 물리학자 니시나 요시오(제5장)와 같은 쟁쟁한 천재들의 논쟁으로 계속됐다.

베르너 하이젠베르크Werner Heisenberg, 1901~1976
노벨 물리학상을 수상했다. 양자 역학을 확립한 사람 중 하나로 불확정성 원리의 제창으로도 유명하다.

에르빈 슈뢰딩거Erwin Schrodinger, 1887~1961
양자 역학 발전에 공헌했고 그의 이름을 딴 파동 방정식은 양자 역학의 대명사다.

빛이란 무엇인가? 현재의 답은 '빛은 파동으로도 입자로도 생각할 수 있는 무엇'이라는 것이다. 이것을 '양자(量子)'라고 한다.

하위헌스의 '빛은 파동'이라는 이론이 우세했던 시대가 있었고, 영국의 물리학자 제임스 클러크 맥스웰(James Clerk Maxwell, 1831~1879)도 "빛은 전자파로 파동이다."라고 언급해 드디어 '빛은 파동'이라 결론지어질 것 같던 1905년, 아인슈타인이 등장해 "아니다. 빛은 입자, 즉 광양자다."라고 이야기했다. 아인슈타인은 뉴턴을 지지했던 것이다.

혼란만 점점 키워 가는 것 같지만 양자 역학은 빛이 무엇인가라는 질문에 일단 답을 제시한 셈이다.

뉴턴의 생애를 살펴보면 몇 가지 특징을 알 수 있다.

– 자신의 수학적 발견을 세상에 내놓지 않았던 것.
– 연금술에 몰두했던 것.

이를 볼 때, 그가 과학을 탐구했던 목적은 오로지 기쁨을 느끼기 위해서가 아니었을까? 그리고 그 기쁨이란 진리를 향해 끊임없이 나아가는 것이 아니었을까 생각한다.

제3장

세키 다카카즈

정2^{16}각형의 둘레 +
(정2^{16}각형의둘레-정2^{15}각형의 둘레)(정2^{17}
(정2^{16}각형의둘레-정2^{15}각형의 둘레)-(정2
=3.14159265359
※ 2^{15}=32768, 2^{16}=65536, 2^{17}=131072

미적분을 자유자재로 활용한 와산의 천재

세키 다카카즈關孝和, 1642~1708

『진겁기(塵劫記)』를 독학한 후 일본의 독자적인 수학인 '와산(和算, 중국의 고대 셈법을 기초로 하여 에도 시대에 발달한 수학)'을 크게 발전시켰다.

🌟 에도 시대에는 산수책이 베스트셀러였다?

현재 일본에는 산수나 수학을 싫어하는 아이들이 무척 많다. 그러나 에도 시대에는 일본이 독자적으로 발전시킨 산수 '와산'이 서민들 사이에서 크게 유행해 어른부터 아이들까지 이를 취미로 즐겼다.

요시다 미츠요시(吉田光由, 1598~1672)라는 와산가는 중국의 수학책을 연구해 1627년에 일본에서 최초로 산법을 집대성한 산술

입문서인 『진겁기』를 발표했다.

이 책에는 주판 사용법, 논밭의 면적이나 부피를 알아볼 때 필요한 측정법, 기름집이 되로 기름을 나눌 때 어떻게 나누면 좋을지 고민하는 기름 나누는 산법*, 학구산(鶴亀算, 학과 거북이의 총합과 그들 다리의 합을 파악해, 학과 거북이가 각 몇 마리인지 알아내는 산수 문제) 등 일상생활에 도움이 되는 실용적인 문제가 가득 담겨 있었다.

따라서 보통 '한 집에 한 권'은 상비할 정도로 당시의 베스트셀러였다. 이 책은 인기가 대단히 많아 해적판까지 나돌았고, 에도 시대 말기까지 지속적으로 팔렸다. 그만큼 서민들 사이에서는 와산이 크게 유행했다.

여기에 요시다는 이 책에 '유제(遺題, 수학책에 문제를 제시하여 후세에게 답을 찾도록 하는 것)'로 어려운 문제를 제출하고는 "한번 풀어 봐."라는 식으로 독자에게 도전장을 내밀었다.

이를 읽은 마을의 와산 애호가가 문제에 도전하고 답을 찾으면 "어떠냐? 내가 풀었다."라고 화답하듯 깨끗한 목재판에 해답을 적어 신사 불각에 봉납했다. 이것이 '산액(일본 전통 수학퍼즐) 봉납(算額奉納)'의 시작이다.

---

* 감수자 주: 예를 들어 10되의 기름에서 7되와 3되 들이 통만을 사용해 5되를 만들어야 한다고 할 때, 서너 차례의 과정을 거쳐 그 해답을 제시하는 산수법.

산액 봉납이란 답을 적는 것만이 아니었다. 문제를 푼 사람이 새로운 문제를 만들어 또 다른 와산 애호가에게 "어때? 이 문제 풀 수 있겠어?"라고 적어 내기도 했다. 누군가 이 문제에 도전해 답을 찾으면 또 다른 문제를 만들어 산액에 올렸다.

와산서는 '문제 제출—문제를 푼 사람이 새 문제 제출'이라는 순환을 일게 했다. 바로 '유제 계승'이다. 유제 계승은 200년 가까이 이어졌다.

수학에서 '문제를 만드는 것'은 매우 중요하다. 이것이야말로 수학이 진보하는 원동력임을 요시다를 비롯한 와산의 대가들은 직감적으로 깨달았던 것이다.

'유제 계승'과 '산액 봉납'이라는 세계 어디서도 찾아볼 수 없는 시스템으로 와산은 고등 수학으로까지 발전했다.

미국의 이론 물리학자 프리먼 다이슨(Freeman Dyson, 1923~)은 수학에도 조예가 깊어 와산을 다음과 같이 격찬했다.

"서양의 영향을 받지 않던 시대, 일본의 수학 애호가들은 어디서도 볼 수 없는 예술과 기하학의 결혼이라 할 만한 '산액'를 만들었다."(아사히[朝日] 신문사 주최 '서민의 산술전'에 보낸 메시지)

그리고 와산이 유행하는 동안 세계적인 천재가 탄생했다. 바로 '수학의 신'으로 추앙받는 세키 다카카즈다.

천재 세키 다카카즈는 1642년경 생을 마감했다. 인기 작가였던 이하라 사이카쿠(井原西鶴, 1642~1693)가 1642년에 태어났고 하이쿠 시인인 마쓰오 바쇼(松尾芭蕉, 1644~1694)가 1644년에 태어났으니 세키가 활약한 시대는 에도 전기의 겐로쿠 문화(元禄文化, 17세기 후반부터 18세기 초에 걸쳐 특히 오사카의 신흥 상인층을 중심으로 발달한 문화)가 개화한 시기였다.

세키는 독학으로 『진겁기』를 공부했고 중국의 송·원대의 고차 방정식 해법인 '천원술(天元術)' 등을 터득하고는 선인들이 만든 도전장인 '유제'의 답을 차례로 알아냈다.

세키가 최초로 풀었다는 것이 '고금산법기(古今算法記)'(1671)에 나오는 전체 15개의 문제다. 그는 이를 한 번에 풀고 '발미산법(発微算法)'(1674)이라고 이름 붙여 발표했다.

이뿐만이 아니다. 세키는 천원술을 발전시킨 획기적인 '방서법(傍書法)'을 확립해 비약적으로 와산을 발전시켰다.

'뉴턴의 근사 해법', '뉴턴의 보간법(補間法)', '근대 극소 이론', '종결식과 행렬식', '근사 분수', '베르누이 수' '파푸스·굴딘의 정리', '원뿔 곡선론', '구면 삼각법' 등 세키의 업적을 꼽으려면 끝이 없다.

그중에서도 주로 연립 방정식의 해를 찾기 위해 사용되는 다항

식인 '행렬식'이나 어떤 함수를 급수 전개했을 때 나타나는 유리수의 계수인 '베르누이 수'는 누구보다 빨리 발견했다.

예를 들어 행렬식은 라이프니츠가 1693년에 고안했다고 알려져 있지만 세키는 그보다 10년 전쯤 자신이 쓴『해복제지법(解伏題之法)』(1683)에서 행렬식 전개에 대해 밝혔다.

또한 베르누이 수도 스위스의 수학자 베르누이가 발표하기 1년 전인 1712년 세키가『괄요산법(活要算法)』에서 발표했다. 숫자를 세로로 쓰는 것이 아니라, 와산의 방법으로 주판 위에 '산목(算木, 중국으로부터 전해진 계산하는 데 쓰는 막대기)'을 사용해 수를 표현했는데 이는 베르누이 수와 정확히 대응한다.

따라서 베르누이의 공식은 '세키·베르누이의 공식'이라 불러야 더욱 정확할지 모른다.(170페이지 참조)

자코프 베르누이Jakob Bernoulli, 1654~1705
확률 연구로 널리 알려져 있다.

🔺 61차 방정식까지 풀다!

당시 일본은 쇄국 정책을 펴던 시절이라 유럽에서 수학이 전파되기 전이었다. 그럼에도 일본에서는 방정식을 풀고 원에 대해 생각했으며 수열의 합을 생각했다. 일본 고유의 와산은 유럽 수학과 비교해도 손색이 없을 만큼 수학의 핵심을 관통했다.

와산의 근본은 중국에서 전해진 천원술이라는 고차 방정식의 수치 해법이다. 천원술은 변수가 하나, 즉 'x의 1차 방정식(미지수가 하나인 방정식)밖에 풀지 못하는' 간단한 계산법으로, 중국의 수학은 거기서 멈췄었다. 이 방정식만 풀면 토지 측량을 비롯해 생활에 필요한 계산이 거의 가능했기 때문이다.

그러나 일본에서는 실학, 즉 현실 문제와 상관없이 문제 그 자체를 파헤쳤다.

3차 방정식, 4차 방정식은 물론이고 8차 방정식을 풀어낸 산액이 필자의 고향 야마가타[山形] 현 츠루오카[鶴岡] 시의 신사에 봉납돼 있다. 또한 일본에서 유일하게 산액을 항상 전시하는 이와테[岩手] 현의 이치세키[一關] 시 박물관에는 천원술로 61차 방정식까지 풀었던 이야기가 남아 있다.

세키는 천원술을 완전히 익히자 어려운 문제(유제)를 풀기 위해 x, y, z 등 변수가 여러 개 있어도 답을 풀 수 있도록 개량했다. 이것이 '방서법'이다.

지금까지 천원술은 주판과 산기를 사용해 풀었지만 세키는 종이로 계산하는 '필산'을 고안했으며 변수가 여러 개인 고차 방정식을 풀고자 했다. 바로 이것이 세키가 대단한 점이다.

즉 '산목'이나 '주판' 같은 도구가 없어도 누구나 종이에 써 가

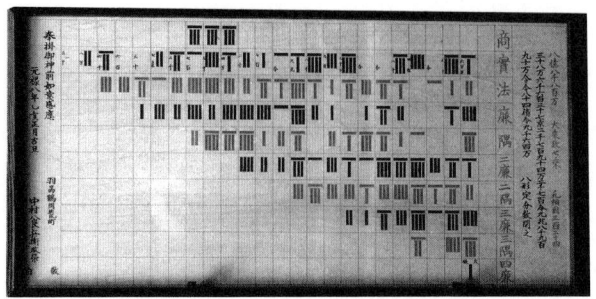

(야마가타 현 츠루오카 시 신사 봉납)

며 방정식을 풀 수 있도록 발달시킨 덕택에 이후 와산은 폭발적
으로 보급됐다.

♠ 전 세계의 'π 마니아'가 계속 도전하는 이유

이렇게 눈부신 업적을 남긴 천재도 어렵게 느낀 것이 바로 '원주
율'이다. 원주율은 그리스 문자 'π'로 표시한다.

그 값은 $\pi = 3.14159265\cdots\cdots$.

모두 원주율에 대해 배운 적이 있을 것이다. 원주율이란 원의
직경이 1일 때 원둘레의 길이가 어느 정도인지를 나타내는 것으
로 직경이 2배가 되면 원주율은 약 6.28배가 된다.

원주율 공식은 고대 그리스의 수학자이자 물리학자인 아르키

메데스, 철학자이자 수학자였던 피타고라스 시대부터 만들어진 것으로 이후에도 존 월리스, 아이작 뉴턴, 고트프리트 라이프니츠, 영국의 천문학자 존 마틴, 레온하르트 오일러 등 동서고금의 많은 천재 수학자가 원주율에 매혹된 바 있다.

아르키메데스Archimedes, 기원전 287년경~212년경
'아르키메데스의 원리'를 발견. 처음으로 원주율을 계산으로 구했다.

피타고라스Pythagoras, 기원전 582년경~497년경
우주의 근원은 수라고 여겼으며 수학과 천문학 발전에 공헌했다.

존 마틴John Martin, 1686~1751
원주율에 관한 공식을 발견했고 계산을 효율적으로 만드는 데 기여했다.

진정으로 π에 홀린 'π 마니아'가 수학의 왕도로 π 연구를 발전시켰다.

원주율은 왜 이렇게나 많은 수학자의 마음을 사로잡고 놔주지 않았을까? 나는 그 이유가 구(원)라는 것이 인간의 생활에 가장 중요한 형태이기 때문이라 생각한다. 타이어가 둥글기 때문에 자동차가 원활히 움직일 수 있고 맨홀 뚜껑은 둥글기 때문에 어느 방향으로 끼워도 밑으로 떨어지지 않는다.

하지만 이 단순한 원을 파고들면 무척 깊이 있고 흥미진진한

규칙을 많이 발견할 수 있다. 여기에 수학자가 파이를 파헤치는 이유가 있다.

세키 다카카즈도 여느 천재 수학자와 마찬가지로 수학의 왕도인 원주율 계산에 도전했다.

세키는 정다각형의 주변 둘레를 계산해 원주율을 구했다. 정 32768(=2^{15})각형, 정65536(=2^{16})각형의 주변 둘레로 원주율을 소수점 이하 11자리까지 구했다.

세키의 계산에서 높이 평가할 수 있는 것은 그가 오늘날 '가우스 소거법'이라 불리는 가속법(수치 계산에서 필요한 계산 횟수를 줄이는 방법)으로 계산을 했다는 점이다.

일본인이 이렇게 방대한 수를 쓱쓱 몇 번 만에 쉽게 계산할 수 있었던 이유 중 하나는 방대한 수 단위에 익숙했기 때문이다.

『진겁기』의 초판에 등장한 단위는 다음과 같다.

◆ 세키 다카카즈의 원주율 공식

π=정2^{16}각형의 둘레 +

$$\frac{(정2^{16}각형의둘레-정2^{15}각형의 둘레)(정2^{17}각형의둘레-정2^{16}각형의둘레)}{(정2^{16}각형의둘레-정2^{15}각형의 둘레)-(정2^{17}각형의둘레-정2^{16}각형의둘레)}$$

=3.14159265359 미약*

※ 2^{15}=32768, 2^{16}=65536, 2^{17}=131072

대수(大數)의 단위는 일, 십, 백, 천, 만, 억, 조, 경, 해, 자, 양, 구, 간, 정, 재, 극, 항하사, 아승기, 나유타, 불가사의, 무량대수다.

참고로 소수의 단위는 할, 푼, 리, 모·호, 사, 홀, 미, 섬, 사, 진, 애, 묘, 막, 모호, 준순, 수유, 순식, 탄지, 찰나, 육덕, 허공, 청정, 아뢰야, 아마라, 열반적정이다.

여기에 주판을 사용해 큰 수를 쉽게 계산할 수 있었던 것도 중요한 이유라고 할 수 있다.

🔺 와산을 지탱한 에도의 환경

세키 다카카즈의 업적을 보는 것만으로도 당시 일본의 수학 수준이 세계적으로 높았음을 잘 알 수 있다.

그럼 와산은 어떻게 서양 수학과는 다른 갈래로 그만큼 발전해 멋진 천재를 낳았던 것일까? 그 이유는 에도 시대 서민들의 생활 곳곳에 퍼져 있었다고 생각된다.

에도 시대에는 서민의 초등 교육 기관인 데라코야[寺子屋]가 각지에 있었다. 이 곳에서 배우는 것은 예절, 승마, 음악, 서도(書道, 글씨 쓰는 방법을 배우고 익히는 일), 사술(射術, 대포, 총, 활 따위를 쏘

---

* 옮긴이 주: 반올림. 일본에서는 끝자리 9를 올린 경우를 '미약(微弱)'이라고 한다. 이 공식에서 세키는 3.141592653589를 반올림하여 3.14159265359로 표기했다.

는 재주) 그리고 산수였다. 실로 균형 잡힌 교육으로 아이들은 인근의 절을 다니며 '읽기, 쓰기, 주판'을 배웠다. 여기에 승마와 음악도 배웠다고 한다.

와산의 바탕이 된 것은 앞에서 말했듯 중국에서 건너온 수학서였지만 세키를 비롯한 와산가들은 이를 해석한 뒤 일본식으로 바꿔 갔다. 예를 들어 '구구단'은 우리 일상생활에 무척 도움이 되는데 이는 원래 중국에서 들어온 것으로 '구구 팔십일'에서 시작해 외우기가 어려웠다.

그러나 $8 \times 9 = 72$를 외우면 $9 \times 8 = 72$는 외우지 않아도 된다. 이와 같이 생각하면 외워야 하는 것은 36개(2단 8개, 3단 7개, 4단 6개, 5단 5개, 6단 4개, 7단 3개, 8단 2개, 9단 1개)다. 실제로 앞에서 언급한 『진겁기』에는 아이들이 '구구단'을 외우기 쉽도록 다시 배열돼 있다.

당시는 '나눗셈 구구단'이라는 것도 있었다. 주판은 물론 곱셈과 나눗셈의 구구단을 익혔던 당시 아이들의 계산 능력은 상당히 높았을 것이라 여겨진다.

거기에 절(데라코야)은 의무 교육이 아니었다. 시험도 없었고 상급 학교로 진학하기 위한 입시도 없었다. 아이들은 자율적으로 출석하며 와산을 공부했던 것이다.

에도 시대의 아이들은 오늘날 아이들이 생각하는 '공부'라는 단어가 머릿속에 없었을 것이다. 생활 속 놀이의 일환으로 취미 삼아 절에 다녔으리라.

절에는 다양한 연령의 아이가 있었다. 4살짜리 아이가 있는가 하면 6살 혹은 10살짜리 아이도 있었다. 지금으로 말하면 영유아, 유치원생, 초등학생이 함께 수업을 받는 것으로 선생님은 학생들 사이를 돌면서 한 사람씩 가르쳤다.

"그럼 시험을 치르겠다. 60분 안에 풀거라."와 같이 일률적인 단체 교육이 아니라 개인의 수준에 맞게 '읽기, 쓰기, 주판'을 배우면 됐던 것이다.

그리고 에도 시대에 인쇄 기술이 무척 발달했던 것도 와산이 보급되는 데 도움이 됐다. 수학이 보급되는 데는 정밀한 인쇄 기

◆ **에도 시대의 구구단은 36개뿐!**

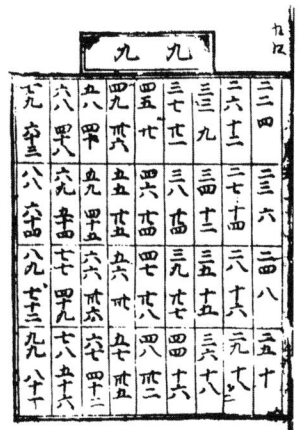

술이 반드시 필요하기 때문이다.

일본인은 정확하고 정교하게 판을 만드는 손재주가 있어 아주 작은 문자까지도 인쇄가 가능한 기술을 지녔었다. 게다가 인쇄술을 장사로 연결 짓는 재능까지 있어 출판, 유통이라는 시스템이 확립됐다. 그 결과 많은 책이 각지에서 읽힐 수 있었다.

앞에서 말했듯 수학 문제를 담은 『진겁기』가 베스트셀러가 된 것도 인쇄 기술과 출판 시스템의 확립 없이는 불가능한 일이었다.

🎋 계승된 '세키류' 와산 계보

에도에서 꽃핀 세키 다카카즈의 와산은 '세키류(세키 다카카즈 학통)'를 통해 많은 제자를 배출했고 각 지역으로 퍼져 나갔다. 이 세키의 수학을 계승해 발전시킨 장본인이 세키의 애제자인 와산가 다케베 가타히로(建部賢弘, 1664~1739)다. 그는 어린 시절, 세키의 제자가 돼 천원술이나 방서법을 곧 이해하고 유제를 차례로 풀어 갔다.

세키가 정리한 『발미산법』의 풀이법은 일반인에게는 상당히 어려웠으며 방서법 설명도 제대로 돼 있지 않았다. 그래서 다케베는 1685년 『발미산법』의 해설서로 『발미산법 연단 견해(発微算法演段諺解)』를 간행했다. 이 책으로 세키의 『발미산법』의 풀이법을 많은 사람들이 이해할 수 있었다.

또한 다케베는 세키의 원주율 계산을 다시 살펴보고 무한의 개념에 다가가는 것에 성공했다. 원의 호를 나눠서 계산하면 특정 정수에 가까워지는 법칙을 발견한 것이다.

이것으로 세키가 '정131072(=2^{17})각형'의 원둘레에서 원주율을 소수점 이하 11자리까지 얻을 수 있는 것에 대해 제자 다케베 가타히로는 정1024(=2^{10})각형에서 원주율을 소수점 이하 41자리까지 구했다. 이는 영국의 기상학자 루이스 리처드슨의 '리처드슨 가속'을 사용한 무한급수 전개 공식을 전 세계에서 처음으로 얻은 결과가 된다.

루이스 리처드슨Lewis Fry Richardson, 1881~1953
기상 데이터 수치 계산 연구로 유명하다.

세키류는 이와테 출신 지바 다네히데(千葉胤秀, 1775~1849)에게도 계승됐다. 그는 산수 선생으로 도호쿠[東北]를 중심으로 전국을 돌면서 와산을 가르쳐 '유랑 산수가'라 불렸다. 지바는 3,000명이나 되는 제자를 가르쳤다 한다.

이에 질세라 야마가타에서는 아이다 야스아키(会田安明, 1747~1817)가 세키류에 대항하는 '최상류(最上流)'를 일으켰다. 최상류라 해도 근본을 따져 보면 이 역시 세키류로 원류는 세키 다카카즈인 것만은 틀림없다. 말하자면 '최상류'는 분파라 할 수 있다.

이 최상류 출신으로 '최고의 와산가'로 불렸던 인물 중 미야기[宮城] 현 시로이시[白石] 시의 다카하시 쓰미타네[高橋積胤]가 있다. 다카하시 집안에는 '백년은 열어서는 안 된다.'라며 쓰미타네가 남겼다는 유품이 있다. 최근 이것이 밝혀져 방진(方陣)이나 자신의 지식을 제자에게 알려주기 위한 서적 등 방대한 자료가 발견됐다.

그 책에는 '다카하시 쓰미타네는 이만큼의 기술을 익히고 지식을 남겼다.'라고 적혀 있다. 날짜는 1919년으로 그때까지 와산의 흐름이 계속됐다는 것을 알 수 있다.

🏯 와산의 토양은 아름다우면서도 험한 자연

수학의 원천은 어디에 있는가?

여러 가지가 있겠지만 그중에서도 천문학, 유체 역학 그리고 군사력을 꼽을 수 있다. 이는 세계적으로 공통되며 와산도 마찬가지로 달력이나 측량에 응용됐다.

예를 들어 세키가 다마가와[玉川] 상수를 설계해 에도의 강이 범람하지 않게 하는 사업을 총지휘했다는 것은 유명한 이야기다. 그는 천문학에도 흥미가 있었다고 한다.

일본에서는 와산이 발달하면서 전국적으로 아마추어 애호가들이 생겨났다. 수학을 실질적으로 사용하기 위해서만이 아니라 일종의 오락이자 취미로서 널리 퍼지게 된 것이다. 이는 세계적으로도 매우 드문 일이다.

에도 시대에 크게 유행한 와산은 메이지 시대에 접어들면서 서양에서 들어온 수학에 자리를 뺏기고 쇠퇴하기 시작했다. 하지만 와산가들의 실력이 출중했기 때문에 서양의 수학도 금세 자신들의 것으로 받아들일 수 있었다.

다케베 가타히로는 도쿠가와[德川] 8대 쇼군인 요시무네[吉宗]에게 『철술산경(綴術算経)』(1722)을 바쳤다. 이 책은 이후 『불휴철술(不休綴術)』로 출판돼 많은 제자들에 영향을 미쳤다. 참고로 '불휴'란 다케베의 호다. 이 책에서 다케베는 다음과 같이 말했다.

산수의 마음을 따를 때는 편하다. 따르지 않을 때는 괴롭다. 따른다 함은 무엇을 만나기 전에 그로부터 반드시 얻을 수 있는 것이 있음을 실로 수긍한 후 마음을 의심하지 않고 편하게 있는 것이다. 편하게 있기에 항상 성취해 멈추지 않는다. 항상 성취하고 멈추지 않기에 얻을 수 있는 것이 있다. 따르지 않는다 함은 무엇을 아직 만나기 이전에 얻을 수 있는 것이 있음을 모른 채 의심하는 것이다. 의심하기에 고통스럽다. 고통스럽기에 성취하는 것이 없다.

와산은 메이지 시대에 끝난 것이 결코 아니다.

세계에서 최초로 '유체론'을 완성한 국제적인 수학자 다카기 데이지는 세키, 다케베와 같이 수의 마음을 터득해 유체론을 만날 수 있었다. 이 전통이 '페르마의 마지막 정리'의 다니야마·시무라 추론까지 계승된 것이 아닐까 한다.

다카기 데이지高木貞治, 1875~1960
근대 일본 최초의 국제적 수학자. 대수적 정수론 연구를 통해 '유체론'을 확립했다.

역사에서는 '혹시'란 것은 결국 가정일 뿐이다. 그러나 혹시 메이지 유신이 없었더라면 세키에서 시작된 와산의 흐름은 유럽 수학을 뛰어넘었을지 모른다. 그리고 혹시 와산이 이어져 왔다면 일본의 수학은 더욱 다르게 발전했을지도 모른다.

와산이 유럽 수학에 뒤지지 않았으며 세계 수학의 큰 흐름을 질주했다는 사실은 지금까지 살펴본 바와 같다.

그리고 와산이란 일본의 독자적 수학이 발달한 이유에는 국토의 풍요로움도 있었다. 세키도 다케베도 평범한 무사였다. 지바 다네히데도 평범한 농민 출신이었다. 그럼에도 와산에 푹 빠질 수 있었던 것은 삶이 풍요로웠기 때문이다. 먹고사는 것에 지장이 없었기에 와산이라는 취미를 가질 수 있었던 셈이다.

내가 무척 좋아하는 마쓰오 바쇼는 일본의 아름다운 풍경을 보며 '5·7·5'(하이쿠 음률)로 자연을 노래했다. 이와 같이 와산가도 일본의 풍요로운 토양에서 자라며 아름다운 와산이라는 세계를 만들어 나갔다. 일본이라는 나라였기에 와산이 크게 발전할 수 있었다.

세키 다카카즈의 와산을 향한 마음은 여전히 우리에게 전해진다. 이것이 한 번 더 많은 이들에게 퍼지기를 꿈꾼다.

제4장

아인슈타인

블랙홀과 빅뱅을 예언한 수식

$$(ab)^n = a^n b^n$$
$$a^m \times a^n = a^{m+n}$$

알베르트 아인슈타인Albert Einstein, 1879~1955
독일의 물리학자. 광양자 가설로 노벨 물리학상을 받았다.

우주의 수수께끼를 단 세 자로 응축하다

필자는 마쓰오 바쇼를 좋아한다. 바쇼는 300년 전의 인물이지만 당시 도호쿠, 호쿠리쿠[北陸] 지방을 돌면서 많은 시를 읽었고 기행문『오쿠로 가는 작은 길[奧の細道]』을 남긴 것으로 유명하다.

고요하고 바위에 스며든 매미 소리

구름 봉우리 몇 개 무너져 달의 산

300년이 지나도 자주 읽히는 멋진 작품이다.

하이쿠의 음률은 '5·7·5'다. 이는 모두 홀수이며 소수다. 합한 문자수도 17개로 소수다.

소수란 1과 자기 자신으로만 나눌 수 있는 수를 말하는데, 바쇼는 이 소수의 리듬으로 멋지게 자연을 표현했다. 그의 작품이 최상의 하이쿠라 불리는 이유는 자연과 사람 간의 관계를 단 17자로 절묘하게 표현해 낸 데 있을 것이다.

그리고 아인슈타인의 이론은 '$G=T$ ($G_{\mu v}=8\pi GT_{\mu v}$)'라는 단 세 자로 줄여 표현할 수 있다. G는 아인슈타인의 텐서(tensor)*라 불리는 공간이 굽은 정도를 나타내는 곡률이며 T는 물질이 만드는 에너지와 운동량 텐서를 나타낸다.

하이쿠는 17글자, 방정식은 3글자다.

모두 '짧다'라는 것이 포인트다. 자연을 얼마나 간결하게 표현할 수 있는가? 이는 일종의 도전이라 할 수 있다.

---

* 감수자 주: 벡터의 개념을 확장한 기하학적인 양. 물리 현상을 기술하기 위해 도입한 좌표계는 무관계한 공간 또는 도형의 성질을 끝까지 추구해야 하기 때문에 이를 위해 만들어진 일반화된 좌표계이다.

🔺 아인슈타인에 매혹된 이유

필자가 아인슈타인을 처음으로 알게 된 것은 중학생 때였다. 아인슈타인의 상대성 이론의 난해함, 그리고 간결함에 흠뻑 빠졌다.

이론 자체는 난해했지만 '멋지다.'라는 것 정도는 중학생이라도 느낄 수 있었다.

'나도 언젠가 이런 이론을 완벽하게 이해할 날이 올 거야!'

필자를 세차게 끌어당긴 것은 이런 열렬한 동경의 감정이었다. 이는 '난해한 계산에 힘차게 도전해야지.' 하는 마음을 갖게 했다. 이후 아인슈타인은 계속해서 내 동경의 대상이었다.

그런데 필자가 아인슈타인에 대해 이야기하면서 반드시 언급하고 싶은 것이 『도라에몽(ドラえもん)』이다. 그렇다. 후지코 F. 후지오[藤子・F・不二雄]의 걸작 만화다.

이 둘이 어떤 연관이 있을까 생각할지 모르지만, 필자에게는 아인슈타인의 세계와 후지코 F. 후지오의 세계, 도라에몽의 세계가 혼연일체로 보인다.

필자는 고등학생이 되고 처음으로 진지하게 『도라에몽』을 읽은 후 후지코 F. 후지오가 물리학의 세계를 그토록 간결하게 표현한 것에 놀라움을 감출 수 없었다.

『도라에몽』에는 아인슈타인의 세계가 잘 담겨져 있다. 도라에몽은 22세기의 과학을 주인공 소년인 노비타(のび太)에게 제대로

설명하면서 다양한 도구를 4차원 주머니에서 꺼낸다.

나는 이제부터 아인슈타인에 대해 본격적으로 이야기할 것이며 가끔『도라에몽』에게 도움을 받아 이 글을 써 보고자 한다.

특수 상대성 이론: 시간은 늘어나기도 줄어들기도 하는 것

아인슈타인은 1905년에 '특수 상대성 이론'을, 10년 후인 1915년부터 1916년에 걸쳐 '일반 상대성 이론'을 발표했다.

최초의 특수 상대성 이론에서 아인슈타인은 '빛의 속도(진공 상태에서 빛의 속도 c=2억 9979만 2458미터/초)'는 불변이라는 것과 그때까지 불변이라 알려졌던 시간과 무게, 길이는 반드시 일정하지 않다는 것을 설명했다. 고무가 늘어났다 줄어들었다 하듯 시간도 무게도 길이도 늘었다 줄었다 한다는 것이다.

아인슈타인은 다음과 같이 말했다.

"뜨거운 난로에 일 분간 손을 대 보세요. 마치 한 시간처럼 느껴질 것입니다. 그런데 아름다운 여성과 함께 한 시간을 앉아 있으면 일 분처럼 느껴집니다."

즉 시간은 상대적이며, 관찰자에 따라 시간이 다르게 느껴진다는 것이다. 이것이 상대성 이론의 핵심이다.

식으로 표현하면 다음 페이지와 같다.

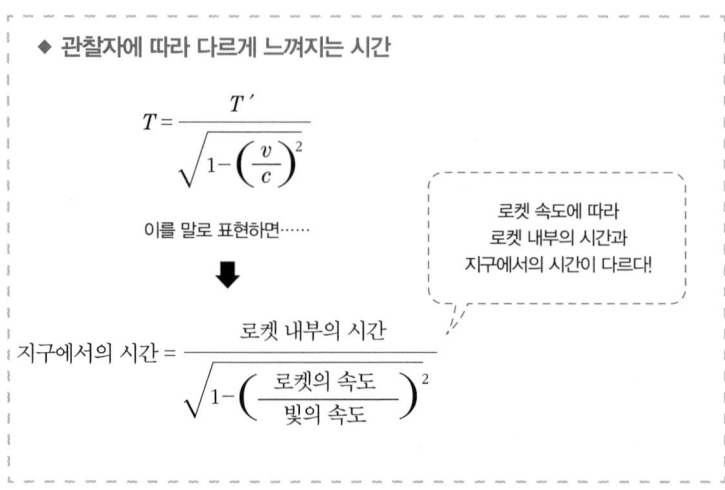

v는 운동하는 물체로 예를 들어 로켓의 속도다. c는 빛의 속도를 나타낸다.

즉 이 식은 '로켓의 속도에 따라 로켓 내부의 시간과 지구에서의 시간이 다르다.'라는 것을 나타낸다. 참고로 이를 '로런츠 변환'이라 한다. 로런츠 변환이란 특수 상대성 이론의 좌표계 변환 시스템으로 1904년 네덜란드의 이론 물리학자 헨드릭 로런츠(Hendrik Lorentz, 1853~1928)가 발견했다.

가령 어떤 사람이 (빛의 속도보다 빠른 물질은 존재하지 않으므로) 빛의 99%의 속도인 로켓을 타고 한 행성에 가서 10년 후에 돌아왔다고 하자. 돌아왔을 때는 시간이 약 7배 지난 것이 돼 지구에서 그 사람을 배웅한 아이는 70살을 더 먹었을 것이다.

$$지구에서\ 70년 = \frac{로켓에서\ 10년}{\sqrt{1-\left(\dfrac{로켓의\ 속도}{빛의\ 속도}\right)}}$$

※로켓 속도＝빛의 속도의 99%

로켓 속도가 빛의 속도에 가까울수록 시간이 천천히 흐른다!

배웅한 아이가 이미 할아버지가 된 것이다. 이런 일이 실제로 일어날 수 있다. 이를 표현한 것이 바로 위의 공식이다.

같은 일이 시간뿐만 아니라 길이나 무게에도 적용된다. 상대성 이론에서는 빛의 속도에 가까워질수록 시간의 흐름이 느려진다.

무게도 변화한다. 상대성 이론에서는 빠를수록 무게도 무거워진다. 시속 50km나 10km로 달리고 있다면 무거워졌다 해도 약 100억분의 1g 정도의 증가로 실제로는 느낄 수 없는 수준이다. 하지만 빛의 속도에 가까워지면 그 변화가 현저히 느껴진다.

길이도 이런 원리로 짧아진다.

참고로 이 로런츠 변환 이야기는 『도라에몽』에도 등장한다.

노비타: 그런데 왜 그 조종사만 나이를 먹지 않는 거야?

스네오: 물체의 운동이 빛의 속도에 가까워질수록 시간이 느리게 흐르거든. 이걸 상대성 이론이라고 해.

(놀라는 노비타)

스네오: 그러니까 로켓 안에서는 시간이 천천히 흐른다는 말이지.

노비타: 거짓말…….

스네오: 의심이 많은 녀석이네. 아인슈타인이라는 유명한 학자가 그렇게 말했어.

후지코 F. 후지오 지음, 『용궁성(龍宮城)에서의 8일』

놀랍게도 고속 로켓 안에서는 시간이 천천히 흐른다는 것을 스네오(スネ夫)는 알고 있었다.

스네오의 말을 살펴보자. 실은 이 이론을 증명하기 위해 필요한 것이 '피타고라스의 정리'다.

다음 페이지의 그림을 보자. 로켓의 높이를 $c/2$라 하면 로켓 안에서 빛이 밑에서 위로 가서 벽에 부딪혀 밑으로 되돌아갔을 때의 이동 거리는 $c/2$의 2배이므로 c(빛의 속도는 c이므로 일부러 $c/2$로 한 것이다)다.

즉 로켓이 멈췄을 때 빛이 왕복하는 데 필요한 시간은 (이동 거리 c)÷(빛의 속도 c)로 1초다.

여기서 이번에는 로켓이 움직이면 어떻게 되는지를 살펴보자.

로켓은 옆으로 움직이고 빛은 이전과 마찬가지로 밑에서 위로

가서 밑으로 되돌아간다. 로켓 속도를 v로 t초 이동했다고 하면

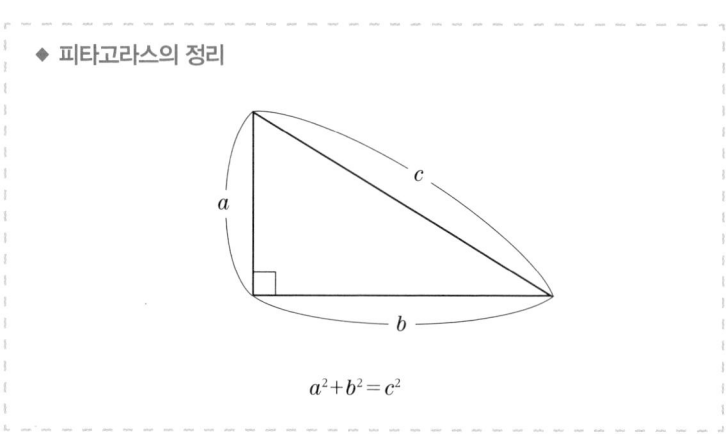

◆ 피타고라스의 정리

$$a^2 + b^2 = c^2$$

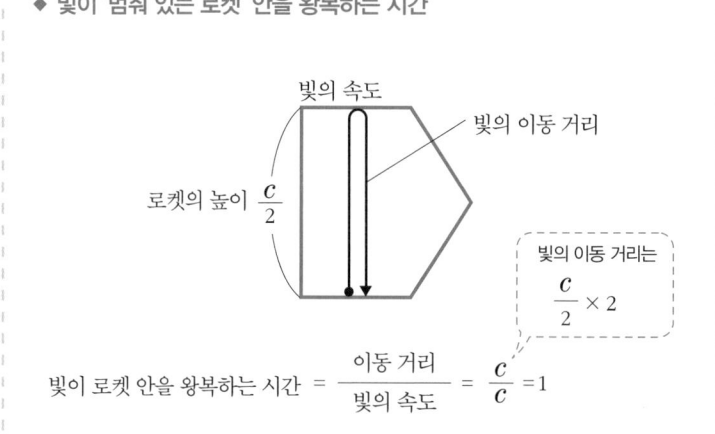

◆ 빛이 '멈춰 있는 로켓' 안을 왕복하는 시간

빛의 속도

빛의 이동 거리

로켓의 높이 $\dfrac{c}{2}$

빛의 이동 거리는
$$\dfrac{c}{2} \times 2$$

빛이 로켓 안을 왕복하는 시간 $= \dfrac{\text{이동 거리}}{\text{빛의 속도}} = \dfrac{c}{c} = 1$

로켓 안에서 빛은 시간 1로 왕복한다!

로켓의 이동 거리는 '속도×시간'으로 vt가 된다. 한편 빛의 이동 거리는 속도c×t초로 ct가 된다.

다음이 핵심인데, 빛의 궤도를 알기 쉽도록 되돌아온 시점에서 다 되돌아온 시점까지를 위로 접어 버리면 직각삼각형의 비스듬한 변이 된다.

이때 피타고라스의 정리가 사용된다. 즉 ct(빛의 이동 거리)의 제곱은 vt(로켓의 이동 거리)의 제곱과 c의 제곱을 더한 값이다. 이를 정리하면 다음 페이지의 그림과 같다.

요약하자면 아인슈타인은 '빛의 속도를 절대적이라 한다면 시간, 질량, 길이는 일정하지 않다.'라고 주장한 것이 된다. 정확히는 정지 좌표계에서 본 운동 좌표계의 시간, 질량, 길이가 일정치 않게 늘었다가 줄어든 것처럼 보인다는 것이다. 이것이 '상대성'이란 말의 유래다.

그리고 여기서 유명한 공식 '$E=mc^2$'도 나오게 됐다. 이 식은 여기서 증명하지 않을 것이지만 E는 에너지, m은 질량, c는 속도를 의미한다. 물질은 정지해 있어도 그 자체가 지닌 에너지가 있다는 뜻이다.

이 식은 원자 폭탄이 제조되는 근거가 됐다. 원자 폭탄의 재료인 우라늄과 플루토늄으로, 그중 1%도 되지 않는 아주 적은 양을 소멸시키는 것만으로 2차 세계대전 당시, 히로시마[廣島]나 나가

◆ 빛이 '움직이는 로켓' 내부를 왕복하는 시간

로켓 내의 시간 1에 대해
지상에서 본 사람이 측정한 빛의 왕복 시간

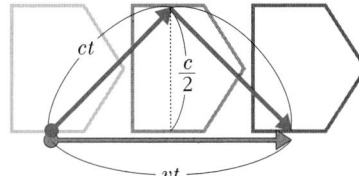

시간: t
로켓의 속도: v
빛의 속도: c(※지상에서 봐도 일정)

➡ 로켓의 이동 거리: vt
➡ 빛의 이동 거리: ct

피타고라스의 정리

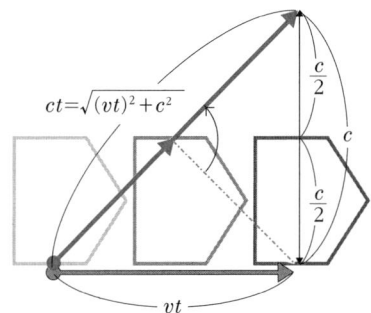

$$ct = \sqrt{(vt)^2 + c^2}$$

$$(ct)^2 = (vt)^2 + c^2$$

$$t^2(c^2 - v^2) = c^2$$

$$t^2 = \frac{c^2}{c^2 - v^2} = \frac{1}{1 - \dfrac{v^2}{c^2}}$$

$$t = \frac{1}{\sqrt{1 - \left(\dfrac{v}{c}\right)^2}}$$

로런츠 변환식

$$t = \frac{1}{\sqrt{1 - \left(\dfrac{v}{c}\right)^2}}$$

사키[長崎]와 같은 참혹한 상태를 만들 수 있다. 빛의 속도가 초속 약 30만 km라는 엄청나게 큰 수치이기 때문이다.

로켓 속도에 따라 로켓 내부의 시간과 지구에서의 시간이 다르다!

🌟 일반 상대성 이론, 중력 및 만유인력을 설명하다

아인슈타인은 특수 상대성 이론을 발표한 후 어려운 문제 하나를 연구했다. 바로 중력이다. 이미 뉴턴이 만유인력의 법칙(거리의 제곱에 반비례하고 질량의 부피에 비례하는 힘)을 발견해 중력에 있어 중요한 한발을 내딛었다.

그러나 왜 중력이 인력인지는 뉴턴도 알 수 없었다. 아인슈타인은 그 수수께끼를 풀려고 했다. 결국 그는 특수 상대성 이론을 발표하고 10년 뒤인 1915년부터 1916년에 걸쳐 일반 상대성 이론을 발표했다.

이 이론을 단적으로 설명하면 '물질 주변의 시공간은 일그러진다.'라는 것이다. 이에 따라 우주가 팽창한 것과 블랙홀(중력이 너무 커서 빛도 외부로 빠져나갈 수 없는 천체로, 큰 질량의 행성의 초신성 폭발로 생성된다고 여겨진다) 등을 예측할 수 있게 됐다. 이를 나타내는 것이 다음의 아인슈타인 방정식이다. $G_{\mu\nu}$를 아인슈타인의 텐서, $T_{\mu v}$를 에너지, 운동량 텐서라 한다(G는 뉴턴의 중력 정수).

$$G_{\mu v}=8\pi GT_{\mu v}$$

당시에는 우주에서 모든 물질이 소멸되면 시간과 공간만이 남는다고 여겨졌다. 그러나 아인슈타인은 물질이 소멸되면 시간도 공간도 소멸해 '물질과 시간과 공간은 절대 떨어질 수 없는 관계'라 생각한 것이다. 참고로 방정식의 왼쪽 변은 공간이 굽은 정도, 오른쪽 변은 물질의 존재를 나타낸다.

아인슈타인 방정식에는 시간도 포함돼 있다. 아인슈타인은 이 일반 상대성 이론으로 우주의 진화를 설명하는 것 역시 성공했다. 즉 '블랙홀'과 '빅뱅'(태초에 우주에 일어났다는 대폭발)의 존재가 이 아인슈타인의 방정식으로 예측됐다. 진정으로 우주의 수수께끼, 우주의 진화를 설명한 방정식이었다.

✿ 블랙홀의 존재를 증명한 상대성 이론

다시 도라에몽을 불러 보자.

여기에 사각형의 천이 있고 이 표면이 우주(4차원 시공간 연속체)를 나타낸다고 해 보자. 만약 이 천 위에 아무것도 없다고 할 때,

네 명이서 한쪽 끝을 잡고 당기면 천은 수평으로 팽팽해진다.

이 상태에서 이 천의 중심에 물체, 예를 들어 팥빵을 얹어 보자. 그러면 천의 중심은 움푹 패인 상태가 된다. 그런 후 도라에몽을 천 끝에 올리면 중심을 향해 굴러갈 것이다. 아인슈타인은 이것이 만유인력이라고 설명했다.

'물체끼리 끌어당긴다는 것은 물체 주변의 시공간이 일그러져 거기 있는 어떤 다른 물체가 그 일그러진 형태에 따라 떨어지는 것'이라는 게 그의 생각이었다.

물체의 존재가 배후의 시공을 일그러뜨린다. 이것이 중력(만유인력) 그 자체라는 얘기다. 마치 팥빵을 좋아하는 도라에몽이 팥빵에 이끌려 끌려가는 것처럼 보이는 것이다.

그럼 이 물체를 점점 무겁게 만들어 보면 어떨까? 천은 점점 더 움푹 들어갈 것이다. 이것이 블랙홀이다. 아인슈타인은 상대성 이론으로 블랙홀의 존재도 밝혀냈다.

단, 아인슈타인은 이를 앞서 언급한 $G_{\mu\nu} = 8\pi G T_{\mu\nu}$ 라는 수식으로 표현하기까지 고생을 거듭했다. 그는 이런 말을 남겼다.

"나는 지금까지 내 인생에서 이렇게 열심히 일에 노력을 기울인 적이 없다. 나는 수학에 깊은 존경심을 갖게 되었다. 이렇게나 오묘한 것을 나는 지금까지 바보처럼 단순히 사치스런 놀이라고 생각했다. 이 문제에 비하면 최초의 상대성 이론은 아이들 장난이었다."

🏠 우리네 일상에도 활용되는 아인슈타인 이론

아인슈타인은 '빛의 속도로 운동하면 세계는 어떻게 보일까?'라는 의문을 갖고 '특수 상대성 이론'을 확립했고 '중력이 존재하는 우주'를 생각해 '일반 상대성 이론'을 확립했다.

당시에 상대성 이론은 현실과는 동떨어진 것이라 여겨졌다.

그러던 것이 지금은 우리와 매우 가까운 곳에서 도움이 되고 있다. 내비게이션 시스템은 GPS를 이용해 지구상의 사물의 위치를 정확히 알 수 있는 편리한 장치다. 이 GPS 시스템에 특수 상대성 이론과 일반 상대성 이론이 활약한다.

지구 주변에는 많은 인공위성이 떠 있다. 그중 여러 개의 GPS 위성이 지구에 전파를 보낸다. 인공위성의 회전 속도는 초속 3.88km다. 따라서 시간에 차이가 생긴다.

이런 시간의 차이를 계산할 때 상대성 원리가 필요하다. 지구를 고속으로 회전하는 인공위성은 소위 '우라시마 효과'*에 따라 지상에 비해 시간이 늦어진다.

---

*감수자 주: 상대성 이론에 따라, 광속 이동시 시간의 경과가 변화하는 현상. 일본의 용궁 신화(동화)인 '우라시마 타로[浦島太郎]'에서 그 이름을 따 왔다.

◆ GPS 위성의 시간은 지상의 시간보다 빠르다?

인공위성 회전 속도: 3.88km/초

인공위성의 시간은 지상보다……

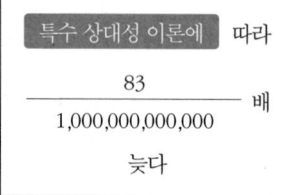

특수 상대성 이론에 따라

$$\frac{83}{1,000,000,000,000} \text{배}$$

늦다

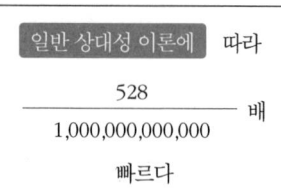

일반 상대성 이론에 따라

$$\frac{528}{1,000,000,000,000} \text{배}$$

빠르다

정리하면

$$\frac{528-83}{1,000,000,000,000} = \frac{445}{1,000,000,000,000}$$

지상에 비해 $\frac{83}{1,000,000,000,000}$ 배 빠르다!

이 오차를 무시하면……

1일(=86,400초)의 오차는

$$86,400(\text{초}) \times \frac{445}{1,000,000,000,000} = \frac{0.385}{10,000}(\text{초})$$

거리로 환산하면

$$\frac{0.385}{10,000}(\text{초}) \times \text{빛의 속도 } 300,000(\text{km/초}) \fallingdotseq 11.5(\text{km})$$

내비게이션에서 11.5km의 오차가 발생한다!

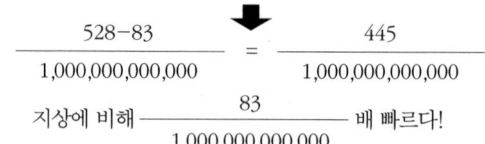

인공위성의 회전 속도는 빛의 속도보다
훨씬 느리지만 이 오차는
무시할 수 없다!

먼저 특수 상대성 이론에 따라 인공위성의 시간은 1조분의 83배만큼 늦어진다. 다음으로 인공위성에는 지구의 중력이 작용하므로 일반 상대성 이론을 적용해야 한다. 따라서 인공위성의 시간은 지상에 비해 1조분의 528배만큼 빠르다. 차이인 1조분의 445배만큼 인공위성에 탑재된 원자시계*는 지상의 원자시계보다 시간을 빨리 표시한다.

그리 큰 차이는 아니지만 이를 무시하고 계산하면 어떻게 될까? 하루 동안의 초수인 86400초를 1조분의 445초배하면 1만분의 0.385초가 된다. 거리로 환산하면 1만분의 1초는 빛의 약 30km에 해당하므로 약 2.5km 떨어진 위치를 결과로 표시한다. 이 오차는 지상에서는 무시할 수 없을 만큼 크다.

내비게이션은 미리 이 오차를 계산한 후 정확한 정보를 표시하도록 설계돼 있는 것이다.

🌟 노벨상 수상에 실망한 이유는?

여기서 아인슈타인의 상대성 원리를 실제 증명하는 이야기를 해볼까 한다. 1905년부터 1916년에 걸쳐 확립된 상대성 원리의 정

---

* 감수자 주: 원자나 분자의 진동수를 불변으로 가정하여, 중력이나 지구의 자전, 온도의 영향을 받지 않도록 정확도를 현저히 높게 만든 특수 시계.

밀한 검증 실험은 현재까지도 이어지고 있다.

1919년에 영국의 천문학자 아서 스탠리 에딩턴 경(Sir Arthur Stanley Eddington, 1882~1944)이 일식 실험으로 태양 가까이에서 별빛이 꺾여 보이는 것을 확인했다. 이것으로 일반 상대성 이론이 옳다는 것이 인정됐다. 아인슈타인은 이 사실을 알고 무척 기뻐했다고 한다.

1921년, 아인슈타인은 노벨 물리학상을 수상했다. 하지만 이는 상대성 이론으로 수상한 것이 아니라 1905년 발표한 광양자 가설(빛은 파동이 아니라 입자라는 설)에 대해 주어진 것이었다. 일본으로 향하는 배에서 수상 소식을 들은 아인슈타인은 다소 실망했다고 한다. 그에게 상대성 이론이 얼마나 중요한지를 엿볼 수 있는 에피소드다.

현재는 레이저 우주 거리 실험으로 태양과 지구의 거리를 1초 오차 범위에서 측정할 수 있게 됐다. 1919년의 측정과 비교하면 10억 배 이상 정밀도가 높아져 아인슈타인의 이론이 검증된다.

그리고 또 한 가지 아인슈타인이 예언한 것이 '중력 렌즈'다. 중력 렌즈란 빛이 굴절되기 때문에 동일한 물체가 여러 개로 보이는 것을 나타내는데, 에딩턴이 실험으로 본 태양과 별과 같이 빛이 굴절되기 때문에 실제로는 그것이 다른 곳에 있음에도 또 다른 장소에서 보이는 것을 말한다. 그 장소에는 실제로 존재하지 않으므로 어떻게 보면 유령 같은 것이다.

중력 렌즈는 빛이 여러 경로를 지나기 때문에 활처럼 보이거나 여러 개로 보인다. 이 중에서도 링 형태인 것은 '아인슈타인 고리'라고 불린다.

1982년에는 쌍성 펄서(펄서란 1초에 1회 이상 회전하면서 규칙적으로 강한 빛과 약한 빛을 내는 중성자 별을 말한다.–감수자)의 에너지 감소가 일반 상대성 이론으로 예언된 이론값과 5% 이내의 차이로 매우 정밀하다는 것이 확인됐다.

이처럼 상대성 이론은 정밀도 높은 관측 장치의 발전과 함께 우리의 우주를 놀랄 만한 정밀도로 검증하는 데 공헌했다.

아인슈타인은 여전히 검증이 이어지는 고도의 이론을 확립했는데 이는 결국 시간과 공간의 '통일장 이론'이었다. 아인슈타인은 하늘에서라도 이 '통일장 이론'의 꿈을 계속 펼쳐 나가고 있을 것이다.

다시 말해 아인슈타인의 '상대성 이론'과 함께 20세기 최대의 발견이라 할 수 있는 '양자 역학'이 있다. 상대성 이론과 양자 역학은 말하자면 물리학의 두 축으로 이 두 축은 물과 기름처럼 섞이지 않는다. 이 두 이론을 정리해 만물을 설명하는 '궁극 이론'을 만드는 것이 물리학의 꿈이다.

이것을 '통일장 이론'이라 부른다. 우주에는 중력(질량을 지닌 물질 간에 작용하는 힘), 전자기력(전기력과 자기력이 통일된 힘), 약한 힘과 강한 힘(원자의 핵 내에 작용하는 힘) 등 네 개의 다른 힘이 있음이 확인됐다. 우주가 시작될 때는 이 모든 힘이 하나였지만 시간이 지남과 함께 네 개로 분리됐다고 여겨진다.

1970년대에 전자기력과 약한 힘이 통일됐다. 이것이 와인버그·살람 이론으로 다른 이름은 '표준 이론'이다. 그 후 여기에 강한 힘을 통일하려는 '대통일 이론', 더욱이 중력까지 포함시키려는 '초 대통일 이론' 연구가 한창이다.

'초끈 이론'은 '모든 물질의 기본은 점과 같은 입자가 아니라 끈과 같은 모양에서 시작됐다.'라는 이론인데, 이 '초 대통일 이론'으로 유력시되고 있다.

아인슈타인은 말년에 죽기 전까지 중력과 전자기력을 통일하려고 복잡한 계산을 거듭했다. 물론 이는 실패로 끝났지만 모두 다르게 보이는 것을 같은 것으로 볼 수 있는가 하는 의문이 제기됐다.

그리고 여전히 물리학자의 마음속에는 아인슈타인도 마치지 못한 '통일의' 꿈이 남아 있다.

🔺 아인슈타인이 알려준 것

마지막으로 아인슈타인에 대해 이야기하고자 한다.

상대성 이론을 발표했을 때 아인슈타인은 스위스 특허청 직원으로 일하고 있었다. 그는 물리학자도 아니고 수학자도 아닌 특허청의 평범한 직원이었다.

"제 자랑은 쓰고 남을 만큼 시간이 많다는 것입니다."

아인슈타인은 이렇게 말했다. 이런 환경에서 자유롭게 아이디어를 떠올리며 특수 상대성 이론을 확립한 것이다.

당시 아인슈타인의 집은 독일의 베른이었다. 그는 아내와 아이와 함께 행복한 생활을 했다. 여전히 전 세계에서 아인슈타인의 업적을 기리는 사람들이 그곳을 찾아간다. 베른은 무척 아름다운 마을이다. 아인슈타인 자신도 이렇게 회상했다.

"베른에서 멋진 나날을 보냈으며 가장 행복하고 얻은 것이 많은 시기였다."

필자의 손에는 한 장의 사진이 들려 있다. 수리 물리학자인 야스에 쿠니오[保江邦夫] 교수에게 받은 것이다. 거기에는 베른의 시계대(고층 건물의 옥상에 큰 시계를 장치한 받침대-옮긴이)가 찍혀 있다. 아인슈타인은 매일 아침 이 시계대를 보면서 특허청에 다녔다. 반짝이는 빛을 받은 시계대. 이는 빛과 시간의 멋진 구도다. 그것이야말로 그가 베른에서 생각한 주제였다.

아인슈타인은 무엇을 생각하고 무엇을 보며 스물여섯의 나이에 세상을 바꾼 특수 상대성 이론을 확립했을까?

이 사진을 보고 나니 오랫동안 알고 싶던 수수께끼가 풀린 느낌이었다.

"상상력은 지식보다 중요하다. 지식은 한계가 있지만 상상력은 세계를 끌어안는다."

아인슈타인은 이 말을 반복했다. 또한 다음과 같은 이야기를 들려주기도 했다.

"우리는 아무것도 모른다. 우리의 모든 지식은 초등학생과 별반 다를 게 없다."

아인슈타인을 되돌아보면 아주 중요한 이론과 그의 인간성에 대해 정말로 감사함을 느낀다. 아인슈타인이 가르쳐 준 것은 인간이 지닌 '상상하는 능력'의 소중함이다. "상상력이라는 날개가 있는 덕에 인간은 갈 수 없는 곳으로 갈 수 있고 보이지 않는 곳을 볼 수 있다. 그리고 이 날개는 누구나 갖고 있다. 자, 이제 날아 보렴."이라고 아인슈타인이, 그리고 필자가 말한다.

학교 시험에서 항상 0점을 받는 노비타지만 지식이 있어도 상상력이 없으면 그 지식에는 의미가 없다. 과거의 상식이나 인습에 얽매이지 않고 상상력이라는 날개로 자유롭게 날아가는 것이 중요하다고 아인슈타인은 스스로를 통해 증명한 것이다.

아인슈타인은 다음과 같은 말도 남겼다.

"수학자에게 '보답'이란 앙리 푸앵카레가 말하는 '이해하는 기쁨'이지, 그 발견이 응용될지 모른다는 가능성이 아니다."

쥘 앙리 푸앵카레(Jules Henri Poincaré, 1854~1912)
수학, 수리 물리학, 천문 역학 등에 공헌했으며 최후의 만능 수학자라 불린다.

나는 중학생 때 아인슈타인의 이론을 더욱 이해하고 싶다고 꿈꿨다. 결국 이를 계산할 수 있게 되자 기쁨이 샘솟았다. '이해하는 기쁨'이 뭔지 실감한 순간이었다.

나는 물리학을 통해 수학이라는 단어의 힘을 살짝 엿보았다. 수학이 여행이라는 것을 느낄 수 있게 됐다. 아직 보지 못한 풍경을 보고 싶다. 어떤 풍경이 보이는지 알고 싶다. 가 보고 싶다. 계산 여행을 떠나면 여행자에게만 전해지는 멜로디가 있다. 향기가 있다. 그리고 감히 그 여행에 목적지는 없다고 말할 수 있다. 여행은 그 자체를 즐기는 데 의의가 있다.

아인슈타인이 말했듯 '과학은 그 자체에 기쁨이 있다.' 그것을 응용하는 것과는 다른 문제다. 과학을 배우고 수학을 배우고 물리학을 배우는 즐거움을 가르쳐 준 인물은 아인슈타인이었다.

아인슈타인은 이어서 이렇게 말했다.

"세상에 대해 가장 이해할 수 없는 것은 세상을 이해할 수 있다는 것입니다."

"호기심은 그 자체에 존재 이유가 있다. 영원이나 인생이나 실재하는 신기한 구조라는 신비에 대해 잘 생각해 보면 경외하는 마음을 가질 수밖에 없다. 매일 그 신비를 조금씩 이해하려는 것만으로도 충분하다."

확실히 우리는 이 우주에 살고 있다. 어느 날 보니 살아 있더라 하고 말할 수 있다. 과학은 우리가 이 우주에 존재하며 그것 자체가 얼마나 신비로 가득한 것인가를 알려준다.

인류는 아직도 우주의 근원을 설명할 방정식을 갖지 못했다. 그래도 그 꿈을 향해 신비의 문을 하나씩 열다 보면 언젠가 아인슈타인의 꿈이 이루어지는 날이 올 것이라 확신한다.

제5장

보어와
니시나 요시오

$$HΨ = EΨ$$

너무나 요상한 양자 역학을
발전시킨 과학자들

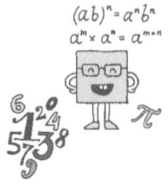

닐스 헨리크 다비드 보어 Niels Henrik David Bohr, 1885~1962
양자론, 양자 역학을 발전시킨 덴마크의 물리학자. 노벨 물리학상을 수상했다.

니시나 요시오 仁科芳雄, 1890~1951
일본의 물리학자. 일본에 양자 역학을 보급하기 위해 힘썼다.

🐾 고양이가 좀비가 된다!?

갑작스럽겠지만 다음 사고 실험의 내용을 살펴보자.

> 고양이 한 마리가 큰 유리 상자 안에 잠들어 있다. 상자 안에는
>
> 독가스가 들어 있는 병도 있다. 뚜껑은 닫혀 있지만 고양이가 실수

로 쓰러뜨리면 열리는 구조다. 독가스가 퍼지면 어떤 생물이든 반드시 죽는다.

이때 검고 큰 천을 상자에 덮어 안이 보이지 않도록 한다. 그리고 6시간 후 이 검은 천을 걷어 낸다.

자, 이제부터가 문제다. 6시간이 흐르는 사이 고양이는 죽었을까, 살았을까?

이 고양이는 잘못해서 독가스가 든 병을 쓰러뜨렸을까? 아니면 그냥 계속 잠들어 있었을까? 답은 뭘까?

"그걸 내가 어떻게 알아?"라는 목소리가 여기저기서 들리는 듯하다.

그럼 조건을 하나 더 늘려 보자.

6시간 후 검은 천을 걷어 냈을 때 불행하게도 고양이가 죽어 있다고 한다면 검은 천을 걷어내기까지 6시간 동안 고양이는 살아 있었을까, 죽어 있었을까?

아마 여러분은 "어느 시점에 고양이가 독가스가 든 병을 쓰러뜨려 죽었다."라고 대답할 것이다. 아마 그것이 보편적인 생각일 터다.

하지만 놀랍게도 "그건 틀렸어."라며 반론하는 과학자들이 있었다. 양자 역학을 공부하는 인물들로 그들은 이 문제에 다음과 같이 말했다.

"고양이가 죽었는지는 검은 천을 걷어 내고 관측했을 때에야 확정된다. 그때까지는 확률의 문제다. 즉 살아 있는 상태와 죽어 있는 상태가 겹쳐진 상태다."

그들의 주장을 한마디로 표현하면 '고양이는 관측될 때까지 좀비 상태다.'라는 것이다.

기상천외하다는 말은 이럴 때 해당한다. 관측했을 때 고양이가 죽어 있었다면 그것은 6시간 동안 언젠가의 시점에 그리 된 것이다. 반대로 말하면, 관측하지 못했다면 그 고양이는 살아 있는 상태와 죽어 있는 상태가 같이 지속됐을 것이다.

보통은 "그럴 리 없어!"라고 할 것이다. 여기에 아인슈타인은 "신은 주사위를 던지지 않는다."라고 말하고는 관측하지 않아도 생사를 아는 시간이 있었을 것이라 주장했다.*

이 사고 실험은 에르빈 슈뢰딩거가 제창한 '슈뢰딩거의 고양이'로 불리며 1930년대 이후 물리학에서 큰 논쟁을 불러일으켰다. 이 논쟁에 가담한 대표적인 두 인물로는 아인슈타인, 그리고 양자

---

* 감수자 주: 하이젠베르크의 '불확정성의 원리(전자의 위치와 운동량은 동시에 정확히 알 수 없다)'를 비판하며 한 말. 아인슈타인은 양자 역학의 확률적 해석을 인정하지 않았다.

역학이라는 새로운 물리학을 제시한 닐스 보어가 있다. 두 사람은 격론에 격론을 거듭했다. 이 논쟁은 지금도 끝나지 않았다.

하지만 현실 세계에서는 양자 역학이 대활약을 펼치고 있다. 고양이가 좀비 상태가 될 수 있는 양자 역학의 논리는 어떤 면에서 보면 정확하기 때문이다. 우주의 수수께끼를 해명하는 우주론에서도 양자 역학이 다수의 현상과 우주의 수수께끼를 설명한다.

양자 역학은 실로 이상하지만 이치에 맞는다. 지금의 물리학에는 아인슈타인의 상대성 이론과 보어의 양자 역학이라는 거리가 먼 두 이론이 공존하며 두 기둥으로 군림하고 있다.

그러나 이 두 이론은 '물과 기름'이다. 백번 양보해 함께할 수는 있어도 하나가 될 수는 없다. 이 둘을 잇는 새로운 이론이 필요하

◆ 슈뢰딩거의 고양이

확인할 때까지 고양이는 좀비 상태

고양이가 살아 있는 상태

살아 있는 상태와 죽어 있는 상태가 겹친다

지만 좀처럼 모습을 드러내지 않고 있다. 그만큼 각기 다른 이 두 이론의 완성도는 높다.

이번 장에서는 '양자 역학의 아버지'라 불리는 물리학자 보어와 그가 많은 애정을 보인 일본의 과학자를 소개하려 한다. 아인슈타인만큼은 유명하지 않아도 이들의 활약이 현재 물리학의 한 축을 이룩한 것임에는 틀림없다.

🏛 기상천외한 '코펜하겐 해석'

1885년, 덴마크에서 닐스 보어라는 천재가 탄생했다.

그는 대학에서 물리학을 배울 때 한 선배 학자의 가설에 마음을 뺏겼다. 그것은 바로 독일의 물리학자 막스 플랑크가 1900년에 주장한 '양자 가설'이었다.

 막스 카를 에른스트 루트비히 플랑크 Max Karl Ernst Ludwig Planck, 1858~1947
양자론의 창시자. 물리학의 기본 정수 중 하나인 플랑크 정수는 그의 이름에서 유래했다.

'양자'란 물리량의 최소 단위다. 대략적으로 말하면 원자보다 작은 것으로 그 한 예가 전자다. 플랑크는 이 양자를 "다른 물질과 구별해 생각해야 한다."라고 주장했다. 그 이유는 양자의 세계에서는 '물질'과 '상태'의 차이가 인정되지 않기 때문이다.

예를 들어 바다에 가면 파도가 치는데, 파도라는 상태는 물이라는 물질이 만들어 내는 것이다. 하지만 원자 안에는 원자보다 큰 물질이 없으며 물과 같은 물질(입자성)도 없는데 파도와 같은 상태(파동성)를 만들어 낸다. 이에 그는 입자성과 파동성을 모두 지닌 것을 '양자'라고 명명했다.

양자의 최대 특징은 원자보다 큰 물질과는 다른 '움직임'을 보이는 것이다. 이 작은 세계를 탐구하던 보어는 새로운 물리학의 길이 열릴 것이라 직감했다.

1921년에 보어는 코펜하겐에 이론 물리학 연구소를 열고 "미지에 도전하는 젊은이여! 코펜하겐으로 모여라!"라고 외쳤다.

그중에 일본인 물리학자 니시나 요시오가 있었다. 훗날 그는 노벨 물리학상을 받은 유카와 히데키와 도모나가 신이치로를 키운 인물이다. 유카와와 도모나가가 연구한 물리학은 니시나가 일본으로 가져와 보급시킨 양자 역학이었다.

유카와 히데키湯川秀樹, 1907~1981
중간자론(中間子論)을 연구해 1949년 일본인 최초로 노벨 물리학상을 수상했다.

도모나가 신이치로朝永振一郎, 1906~1979
'재규격화 이론'을 제창해 1965년 노벨 물리학상을 수상했다. 유카와와는 선의의 라이벌이었다.

보어가 코펜하겐에서 새로운 물리학을 시작한 1920년대에는 안타깝게도 원자 안을 들여다 볼 수 있는 기술이 없었다. 간단히 말하면 이론은 있지만 실험하거나 측정할 수가 없었던 것이다.

그래서 보어는 일단 양자의 세계를 다음과 같이 해석하고 이론 연구에 몰두했다. 단, 그 연구가 기존의 상식과는 동떨어진 것이어서 논쟁이 일었다.

〈코펜하겐 해석〉*

내가 달을 바라보고 달이 거기 있다는 것을 인식했을 때만 달의 존재가 사실이 된다.

마치 철학이나 종교처럼 느껴지지만 이는 엄연한 과학이다.

보어는 앞서 소개한 고양이의 예와 같이 양자의 세계에서는 관측될 때까지 몇 가지 상태가 겹친다고 생각했다.

반대로 말하면 입자성과 파동성이 겹치는 양자는 비로소 사물을 봤을 때야 상태가 결정되므로 관측할 때까지 어떤 상태인지는 확률로만 말할 수 있다는 것이다.

양자는 원자를 만든다. 모든 물질의 근본이라 할 수 있다. 그렇

---

*감수자 주: 양자 역학에 대한 다양한 해석 중의 하나로 닐스 보어와 베르너 하이젠베르크에 의한 정통 해석. 논의의 중심이었던 '코펜하겐'의 지명을 따 이름을 붙였다.

다면 보어는, 달도 고양이도 관측한 순간에 상태가 확정되고 존재하게 됨을 주장한 것이다.

당연히 이 해석은 물리학계에 논쟁을 불러일으켰으며 '관측 문제'로 불리게 됐다. 거리낌 없는 토론이 이어졌고 쉽게 결론 내려지지 않았다.

🐹 '존재'를 만드는 함수 'Ψ'

이때 또 다른 한 명의 천재가 등장해 새로운 국면을 맞이한다. 바로 슈뢰딩거다. 그는 보어의 확률론적인 생각에는 동의하지 않았지만 양자 역학에서 새로운 가능성을 보고 1926년에 '슈뢰딩거 방정식'을 발표했다.

이는 무척 신기하고 멋진 수식이다.

$$i\hbar\frac{\partial \Psi}{\partial t}=H\Psi$$

i는 허수 단위, $\hbar$는 플랑크 정수 h를 2π로 나눈 정수, $\frac{\partial \Psi}{\partial t}$는 Ψ를 시간 t로 편미분(공간과 시간의 함수인 Ψ를 시간으로만 미분하는 것)한 것, H는 '해밀토니안(Hamiltonian)'**이라 불리는 연산자다.

이 방정식에 따라 수소 원자핵 주변의 전자 운동을 자세히 설명할 수 있었다. 그리고 시간에 의존하지 않는 경우 슈뢰딩거 방정식은 다음과 같다.

$$H\Psi = E\Psi$$

'E'는 해밀토니안 'H'의 고유값으로 관측되는 에너지값을 나타낸다.

이 간단한 수식이 우주의 신비를 풀어 준다.

정말 아름답긴 하지만 진정으로 이해하려 들면 위험하기 짝이 없는 식이기도 하다. 진지하게 이 문제를 풀기 시작하는 순간, 이삼 년이라는 시간이 훌쩍 지나 버린다. 지금은 이 방정식 안에 'Ψ'가 있다는 것만 인식하는 걸로 충분하다.

나는 이 Ψ를 무척 좋아해 '프사이 군'이라 부른다. 프사이 군이란 무엇일까? 그는 '존재'를 만들어 주는 함수다. 양자 역학을 설명하는 데 프사이 군을 간단히 소개하는 것이 좋으니 보어는 잠시 접어 두고 먼저 프사이 군에 대해 살펴보자.

프사이 군에 대한 설명은 다음 페이지와 같다.

먼저 프사이 군에게 성이 없다는 점에 주목하자. 부모가 없으

** 감수자 주: 양자 역학의 전 에너지에 대응하는 연산자로 '해밀턴 연산자'라고도 한다.

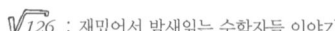

이름: 프사이(성이 없음)

본적: 양자 역학

주소: 파동 방정식

성별: 복소수($a+bi$의 꼴. a, b는 실수)[※]

인종: 파동

직업: 건설업

특기: 겹치기, 마이크로 세공

성격: 부끄럼쟁이에 외로움을 잘 탐

버릇: 다리 떨기

[※] 실수와 허수의 합의 꼴로써 나타내는 수

므로 물려받은 성도 없다. 그 자신이 '존재를 만들어 주는 역할'을 하므로 자신보다 빨리 태어난 '부모'가 있을 리 없다.

다음에 주목할 것이 직업이다. 프사이 군은 건설업에 종사한다. 무엇을 만드냐 하면 '존재'다. 내가 존재할 수 있는 것도 여러분이 존재할 수 있는 것도 모두 프사이 군 덕분이다.

특기는 겹치기다. 다양한 가능성을 잘 겹친다.

그리고 외로움을 잘 타는 성격이다. 거기다 부끄럼쟁이다. 하지만 '주목받고 싶다!'라는 욕구가 강해 누군가가 말을 걸어 주길 바란다.

그리고 그는 자주 다리를 떠는 나쁜 버릇이 있다.

🔺 '프사이 군'은 어떤 일을 하나?

프사이 군이 얼마나 일을 잘하는지 한 예를 소개해 보자. 여러분이 지금 손에 쥐고 있는 이 책은 사실 프사이 군이 만든 것이다. 여러분이 지금 보고 있는 페이지는 앞서 프사이 군이 만들었다. 이 페이지를 넘기는 순간 프사이 군이 다음 페이지를 만든다.

이 책은 물질적으로는 인쇄소가 만든 것이다. 그러나 '존재'로는 여러분이 본 순간에 프사이 군이 엄청난 속도로 일해 이 책을 만들었다고 할 수 있다.

앞서 말한 고양이 실험을 떠올려 보자. 양자 역학에서는 50%의 확률로 살아 있는 고양이와 50%의 확률로 죽어 있는 고양이의 상태가 겹친다 생각한다. 이것이 프사이 군의 특기, 겹치기다.

하지만 관측하면 어느 한쪽의 상태로 결정된다. 프사이 군은 부끄럼쟁이기 때문에 바로 숨고 만다. 이를 식으로 표현하면 다음 그림과 같다.

살아 있는 프사이 군과 죽어 있는 프사이 군이 덧셈으로 동거한다. 그리고 관측했을 때 어느 쪽인지 확정된다. 이를 '파속의 수속(Objective Reduction)'이라고 부른다. 관측하면 반드시 파속의 수속이 일어난다는 것이 양자 역학이다.

왜 프사이 군은 누군가가 보면 50:50의 확률로 어느 한쪽일 가능성만 선택하는 걸까?

측정치

$$\{\Psi(生)+\Psi(死)\}\times\Psi(\bigcirc)=\Psi(生)\times\Psi(\bigcirc)+\Psi(死)\times\Psi(\bigcirc)$$

관측

측정치

$$\Psi(生)\times\Psi(生) + \Psi(死)\times\Psi(死)$$

어느 하나로 확정

왜 프사이 군은 누군가가 보면 이런 일을 하는 것일까? 외로움을 타는 성격이라 주목받으면 '우와!' 하고 기뻐하며 일을 하는 것일까?

실상은 그리 단순하지 않다.

프사이는 파동 방정식이 발표됐을 때부터 논란을 일으켰다. '프사이는 무엇인가?'라며 많은 학자가 입에 거품을 물고 이야기하고 생각했지만 지금도 해결되지 않은 큰 문제다.

양자 역학은 미완의 학문이며 현재 진행형인 학문이다. 하지만 이미 말했듯 이 학문의 이론이 현실 세계에 많은 도움을 준다.

🔺 아인슈타인이 절대 인정하지 않은 것

코펜하겐에 모인 양자 역학의 학자들은 보어를 중심으로 이론적인 토대를 착실히 만들었다. 하지만 아인슈타인은 양자 역학을 절대로 받아들이지 않았다. "신은 주사위를 던지지 않는다."라는 말과 함께 "코펜하겐 해석은 있을 수 없다."라고 주장했다.

"우주는 확률로 형성된 것이 아니다. 우주의 실재성은 나와는 관계없이 존재한다."

아인슈타인은 보어에게 이렇게 호소했다.

서로의 주장은 시종일관 평행선을 그렸다. 실험할 수 없었으므로 어느 쪽이 맞는지 검증할 수 없었기 때문이다. 아인슈타인은 죽을 때까지 자신의 주장을 관철했다. 아마 그가 양자 역학을 인정하지 않았던 것은 그의 자연관 때문이었을 것이다.

여기서 아인슈타인의 자연관을 알 수 있는 에피소드를 소개해 보자. 아시아인으로는 처음으로 노벨 문학상을 수상한 인도의 시인이자 사상가 라빈드라나드 타고르(Rabindranath Tagore, 1861~1941)와 대담했을 때의 내용이다.

📖 아인슈타인: 일상생활에서조차 우리와 관계없는 것이 있습니다. 실체가 마음 밖, 그러니까 우리와는 관계없이 존재하는 것을 알고 있습니다. 예를 들어 이 중 누구 하나가 없어도 책상과 의자는

이 자리에 존재합니다.

타고르: 그렇습니다. 책상은 개인의 마음 밖에 있지만 모든 사람의 마음 밖에 있는 것은 아닙니다. 책상은 우리에게 공통적으로 자각됩니다. 객관적으로 보이는 책상도 단순한 현상에 지나지 않는다는 것을 과학은 증명합니다. 즉 인간이 책상이라고 생각하는 것은 그 의식이 사라지면 존재하지 않습니다.

NHK 아인슈타인 프로젝트 팀 지음, 『NHK 아인슈타인 로망3(NHK アインシュタインロマン3)』

모두 어떻게 생각하는가? 아인슈타인이 "믿을 수 없다."라고 한 것에 필자도 처음에는 수긍했다. 물리학을 배우는 학생 대부분이 아인슈타인과 보어의 논쟁을 공부하면 처음에는 아인슈타인의 말에 동감한다.

하지만 공부하다 보면 "역시 보어가 말하는 게 맞지 않을까?"라는 생각이 들게 되고 "그렇지. 지금 양자 역학이 이렇게 성공해 전자 기술이 발달한 것도 사실이니까."라는 생각에 이른다. 세기의 논쟁은 오랜 시간을 거쳐 지금은 아인슈타인의 패배로 기울어진다. 하지만 이 두 사람의 논쟁은 승패가 확실해지는 것으로 끝나지 않는다. 논쟁 내용 자체가 물리학의 '엄청난 지식'으로 가득하기 때문이다.

아인슈타인은 양자 역학을 완전히 이해했다. 보어도 상대성 이론을 완전히 이해했다. 그런 두 사람이 대립했지만 결코 적대시하지는 않았다. 둘 다 물리학이라는 과학을 사랑했기 때문이다.

✿ 미래를 예언한 'EPR' 역설

한 가지 더 아인슈타인이 보어에게 내민 난제를 소개한다. 아인슈타인의 지적은 무척 본질적이며 미래 세계를 예언하는 것이기도 했다.

그 문제는 'EPR 역설'이다. 창안자인 아인슈타인, 포돌스키 (Podolsky) 및 로젠(Rogen)의 앞 글자를 따서 이렇게 불린다. 단순히 설명하자면 '광속을 뛰어넘는 텔레파시 같은 정보의 순간 전송은 있을 수 없다.'라는 비판이다.

양자 역학의 이론에 따르면 만약 하나의 빛이 두 개로 나뉘어 날아가면 한쪽 빛을 관측한 시점에서 다른 쪽 빛의 상태도 확정된다.

만약 이 빛에 정보 기술로 정보를 얹을 수 있다면 A지점에서 B지점까지 순간적으로 정보를 전달할 수 있다. 한순간에 말이다. 더 정확히 말하면 동시에다. 양자 역학 이론에 따르면, 광섬유로 정보를 전하는 것보다 훨씬 빨리 그리고 대용량 데이터를 순간적으로 전달할 수 있다고 한다.

아인슈타인은 이렇게 지적했다.

"빛보다 빨리 정보를 전달하는 것이 진정 가능한가? 텔레파시가 있다는 것인가? 있을 수 없지 않은가? 역시 양자 역학은 불완전한 이론이다."

자신의 생각을 절실히 보어에게 전달한 아인슈타인 그리고 이를 정면으로 받아들인 보어. 아마 보어는 아인슈타인과의 논쟁으로 양자 역학을 더 깊이 생각하고 학문적으로 좀 더 발전시켰을지 모른다.

하지만 'EPR 역설'도 실험할 수가 없어 두 사람의 골은 메워지지 않았다. 보어는 "가능하다."라고만 말했고 아인슈타인은 "그럴 리가 없다."라고 주장할 따름이었다.

하지만 이 논쟁으로부터 70년 이상이 지난 현재, 논쟁은 끝이 났다. 기술 혁신으로 실험이 가능해진 덕분이다.

1993년: IBM의 베넷(Charles H. Bennett)이 양자 원격전송 원리 고안.
1997년: 안톤 자일링거(Anton Zeilinger) 연구팀이 이를 실증. 드디어
        광자의 순간 이동에 성공. 양자 원격전송 기술 개발 시작.

아인슈타인이 "그럴 리가 없다."라고 주장한 것이 실험으로 반박된 것이다. 시대는 SF를 앞서가고 있다.

양자 원격전송의 성공으로 양자 역학은 새로운 단계에 접어들었다. 이미 일본의 전기 제조업체가 100km 떨어진 지점의 광자 순간 전달 실험에 성공했다(실제로는 100km 떨어진 지점에서 실험한 것이 아니라 연구실 안에서 100km의 둘둘 말린 광섬유를 사용했다).

먼 미래에는 수십만 광년이나 떨어진 행성과 시차 없이 전화할 수 있게 될지도 모른다.

그리고 이 광자는 'Ψ'라고 바꿔 말해도 되며 필자의 표현을 사용해 '프사이 군, 순간 이동에 성공!'이라 적어도 좋다.

그럼 '존재'를 만드는 프사이 군을 모두 순간 이동시키면 어떻게 될까? 그러면 영화 '스타트렉(Star Trek)'에 나온 물질 원격전송이 가능해질지 모른다.

단, 오해는 말자. 물질 원격전송은 아직 성공하지 못했다. 하지만 원리적으로는 가능하며 초기적인 양자 원격전송 실험에는 성공했으니 적어도 'SF'가 아니라 '현실 과학'으로서 원격전송을 이야기할 수 있게 됐다 할 수 있다.

🏯 절대 훔칠 수 없는 통화를 만들다

양자 역학의 최대 응용 분야는 정보 기술이다. 그런 의미에서 이 점을 최초로 지적한 아인슈타인은 위대했다. 그리고 그 지적을 받아 깊이 생각한 보어도 위대했다.

20세기가 시작됐을 때 태어난 양자론은 그 후 양자 역학을 탄생시켰고 20세기 마지막에는 양자 원격이동이라는 꿈의 기술을 만들었다.

이제 곧 '양자 컴퓨터'라 불리는 신형 컴퓨터가 등장할 것이다. 이미 양자 원격이동으로 연산 회로를 만들 수 있다는 것이 증명됐기 때문이다.

일본에서 가장 빠른 속도의 슈퍼컴퓨터도 '경(京)'까지 계산하는 데 1천만 년이 걸린다는 300자리의 소인수 분해를, 양자 컴퓨터라면 몇십 초 만에 풀 수 있다. 그렇게 되면 현재 정보 기술의 많은 문제들이 해결될 수 있을 것이다.

예를 들어 컴퓨터의 CPU 소비 전력을 최대로 낮출 수 있다. 현재 가정용 컴퓨터의 CPU 중에는 수백 와트를 소비하는 것도 있다. 많은 전자가 마이크로칩 안을 기세 좋게 다니기 때문에 다량의 열을 발생시켜 반드시 CPU를 냉각시키는 장치를 둬야 한다.

슈퍼컴퓨터는 발열 문제가 더욱 심각해 유지 관리비의 대부분이 컴퓨터를 냉각시키는 액체 질소 비용이라 한다. 그런데 양자 컴퓨터는 기본적으로 전자가 마이크로 칩의 회로를 지나다닐 필요가 없어 발열하지 않는다.

또한 보안에 관련된 기술도 향상될 것이다. 양자 원격이동을 양측이 실행할 때 제3자가 정보를 훔치는 것은 불가능하다. 양자 원격이동 정보는 '공간을 통과하지 않는 것'이기 때문이다. 빛을 나누는 장치에서 정보를 꺼내는 것도 할 수 없다. 원리적으로 무리다.

좀 먼 미래일수 있지만 양자 원격이동 기술을 사용한 양자 인터넷 시대가 도래할 것이다. 그 시대를 예측해 스위스에서는 양자 암호 기술 연구가 한창인데, 이는 아마 양자 통화를 만들기 위함이라 생각된다. 절대로 훔칠 수 없는 통화가 생기면 지폐보다 안전하고 세계 어디에서나 자유롭게 사용할 수 있다. 이 통화가 만들어지면 스위스는 금융으로 세계 최고의 나라가 될 것이다.

⚛ 양자 원격이동이 만드는 사회

양자 원격이동 기술로 사회는 극적으로 변할 것이다. 이후 이 기술은 혁신을 이루고 차례로 실용화될 것이다. 일본 총무성에서 발표한 '양자 정보 통신의 기술 개발 로드맵'(2003)을 보면 본격적인 양자 원격이동의 실용화 시대가 올 것이라는 것을 알 수 있다.

2004~2010년: 절대 도청 불가능한 양자 암호 실용화(외교, 군사). 단
일 광자 발생기 및 단일 광자 검출기 개발, 양자 암호 안전성

의 수학적 증명.

2010년: 양자 통신 프로토 타입 실현. 양자 상태 전송 기술, 양자 오류 정정 기술, 초 저손실 광섬유 개발.

2015년: 한정적 양자 통신 실현. 위성 간 광링크, 양자 원격이동에 따른 분자 레벨 원격 조작.

2020년: 양자 컴퓨터 출현. 양자 메모리, 양자 프로세서 개발.

2030년: 양자 인터넷 실현. 양자 교환, 양자 중계기 개발.

2100년: 양자 컴퓨터 완성. 완전한 인공 지능 완성.

(총무성 「양자 역학적 효과의 정보 통신 기술로의 적용과 그 장래 전망에 관한 연구회 보고서」 요약)

여기에 나오는 '완전한 인공 지능'이란 인간과의 차이를 찾아볼 수 없는 지적 휴머노이드라 생각된다. 내가 좋아하는 도라에몽이 태어난 것이 2112년 9월 3월이다. 도라에몽이 예정대로 태어날 가능성이 매일 높아지고 있다. 양자 컴퓨터의 우수한 성능이 이런 상황을 현실화한다.

그리고 21××년 물질 원격이동이 드디어 성공할 때가 올지 모른다. 현재 이미 원자 한 개를 어떻게 이동시킬까 하는 프로젝트가 시작됐다. 보어가 형태를 만든 양자 역학은 실은 21세기와 22세기 세계를 크게 바꿀 학문이었다.

"양자론에 충격을 받지 않았다면 양자론을 이해하지 못했다는 증거다."

보어는 이렇게 말했다.

♠ 보어의 연구에 참가한 일본인 과학자

이제 일본인 과학자 한 명을 소개하려 한다.

그의 이름은 니시나 요시오다. 이 남자를 통해 일본에 양자 역학의 기초가 싹트게 됐다 해도 과언이 아니다.

니시나는 1890년, 오카야마[岡山] 현 아사쿠모[朝雲] 군 사토쇼[里庄] 마을에서 태어났다. 이후 도쿄 대학교에 들어가 전기 공학과로 진학했다. 대학은 수석으로 졸업했으며 시바우라 제작소(후일 도시바)에 취직할 예정이었지만 물리학에 관심이 생겨 대학원에 진학해 수학을 공부하기 시작했다.

1921년 니시나는 유럽으로 유학을 떠났다. 거기서 보어를 알게 됐고 코펜하겐에 설립된 이론 물리 연구소에 들어갔다. 젊은 니시나는 양자 역학이 탄생해 형태를 잡아 가는 과정을 직접 목격한 행운의 과학자였다. '물리학이란 무엇인가?'라며 동료 학자나 대립 관계의 학자들과 논의를 거듭하던 이 시기는 니시나에게 흥분되는 나날이었을 것이다. 당초 1, 2년 후에 귀국할 예정이었지만 7년 이상 머물렀다.

보어는 니시나를 보내고 싶지 않았다. 니시나는 보어가 세운 이론을 검증하는 실험 장치를 무척 잘 만들었기 때문이다. 전기 공학과 출신인 그에게 장치 만들기란 어렵지 않았을 것이다. 예상했던 것보다 성능이 뛰어난 실험 장치를 만드는 니시나를 보어는 무척 아꼈다고 한다.

그리고 니시나의 노력을 거듭하는 성격과 의지해도 좋을 만한 성품은 보어 곁에 모인 천재적인 연구자들을 매료시켰고 다들 금세 동료가 됐다 한다.

니시나는 보어 곁에서 동료들에 둘러싸여 양자 역학 이론을 필사적으로 공부했다. 그리고 동료 중 하나인 스웨덴의 이론 물리학자 오스카르 클레인과 1928년 '클레인·니시나 공식'을 발표한다. 니시나가 드디어 세계 수준의 물리학자 대열에 들어선 것이다.

오스카르 클레인Oskar Klein, 1894~1977
이론 물리학 분야에서 다양한 업적을 세웠다.

클레인과 니시나는 '콤프톤 산란(Compton scattering)'이라 불리는 현상에 대해 연구했다. 다음 페이지의 공식을 살펴보자. $\dfrac{d\sigma}{d\Omega_\gamma}$은 미분 산란 단면적이라 불리는 양으로 전자와 광자의 충돌

이 일어나는 확률을 나타낸다. 그리고 이 공식이 올바르다는 사실은 감마선 흡수 실험 등으로 확인됐다.

　이는 영국의 물리학자 폴 디랙의 '디랙 방정식'을 응용한 획기적인 공식이다. 노력형이었던 니시나의 계획에 따른 행동과 학문에 대한 진실한 태도의 집대성과도 같은 수식이다. 양자 역학의 사고방식에서 이끌어 낸 이 공식은 실제로 관측된 현상에 응용된 첫 공식이 됐다.

폴 디랙Paul Adrien Maurice Dirac, 1902~1984
양자 역학을 발전시킨 과학자 중 하나로 노벨 물리학상을 수상했다.

　함께 공식을 만든 클레인은 당시의 연구 상황을 다음과 같이 적었다.

　그런데 최종 결과를 도출할 때까지 길고 긴 대수적 계산을 해야만 했습니다. 여러 페이지에 걸쳐 정확하게 덧셈을 해야 했기에 우리는 각자 집에서 일을 했습니다. 그리고 마지막에 맞춰 보니 따로 계산한 결과가 일치했습니다.

다마키 에이히코(玉木英彦) 지음, 에자와 히로시(江沢洋) 엮음, 『니시나 요시오-일본 원자 과학의 여명(仁科芳雄-日本の原子科学の曙)』

$$\frac{d\sigma}{d\Omega_\gamma} = \frac{r_e{}^2}{2} \frac{\omega^2}{\omega_0{}^2} \left(\frac{\omega_0}{\omega} + \frac{\omega}{\omega_0} - \sin^2\theta \right)$$

$\dfrac{d\sigma}{d\Omega_\gamma}$: 미분 산란 단면적

r_e : 고전 양자 반경

ω_0 : 입사광자 에너지

ω : 산란광자 에너지

당시 유럽에서 보면 일본은 아시아의 변방 국가였다.

그럼에도 불구하고 니시나는 자신의 밝은 성품을 발휘해 동료 학자들과 대등한 교류를 했다. 그리고 필사적으로 연구하고 계산해 세계의 벽을 뛰어넘었다.

니시나는 동료들에게 사랑받았다. 많은 동료가 니시나를 위해 일본에 와 양자 역학을 강의해 준 사실만 봐도 이를 알 수 있다.

🏯 '세계적인 학자 보어', 일본을 찾다

1928년 '클레인·니시나 공식'을 만든 해 겨울, 니시나는 귀국했다. 실로 7년만의 조국이었다.

아마 니시나는 코펜하겐에서 최전선 연구를 더욱 해 나가고 싶었을 것이다.

그러나 그는 귀국이라는 선택지를 꺼냈다. '일본에 양자 역학을 전해야 한다.'라는 사명감 때문이었을 것이다.

니시나는 먼저 디랙과 하이젠베르크를 초청했다. 당시 디랙은 27세, 하이젠베르크는 28세로 이후 노벨 물리학상을 수상했다. 양자 역학 초기에 젊은 1인자와 2인자가 자신의 연구를 중단하면서까지 배를 타고 일본에 와 주었다.

니시나는 최첨단 물리학을 일본에 들여오기 위해 필사적으로 노력했다. 그 필사의 움직임이 그들에게 전해졌을 것이다. 그리고 니시나의 성품도 한몫했을 것이다. 세계적인 천재들이 니시나의 요청에 응해 준 것을 보면 말이다.

니시나는 그때 도모나가 신이치로에게도 편지를 써 '(강연에) 와 주세요.'라고 부탁했다. 후에 노벨 물리학상을 수상한 도모나가는 당시 강연에 크게 영향을 받았다. 참고로 도모나가가 노벨상을 수상한 것은 하이젠베르크가 구축한 이론과 관련된 '재규격화 이론'의 발견 때문이었다.

그리고 보어도 니시나의 요청에 응해 일본에 왔다. 아마 니시나는 귀국하기 전부터 일본에 방문해 달라고 부탁했을 것이다. 보어 없이는 양자 역학을 이야기할 수 없기 때문이다.

보어는 1922년에 노벨 물리학상을 수상하고 세계적인 명사가 되어 많은 연구를 진행했다. 모든 활동을 중단하고 긴 기간에 걸쳐 일본에 오는 것은 무척 어려운 일이었다.

하지만 니시나는 여러 친구들을 불러 '보어에게 일본에 와 달라고 전해 줘.'라며 호소했다. 보어의 귀에는 니시나의 절규가 들렸을 것이라 생각된다.

보어도 알고 있었을 것이다. 니시나가 기다리는 일본으로 가서 양자 역학의 위대함을 전해야만 한다고 말이다.

그리고 1937년 염원이 이루어져 보어가 일본으로 찾아왔다. 그는 도쿄대에서 강연했다. 필자는 강연 전에 칠판에 글씨를 쓰는 보어를 사진으로 봤다. 그림과 수식을 네 면의 흑판에 정말 정성껏 쓰는 사진이었다. 온 힘을 다해 열심히 강연했다는 사실을 그 사진만으로도 알 수 있다.

이렇게 '양자 역학을 키운 부모'인 보어가 일본에서 강연하게 됐다. 통역은 니시나가 담당했다. 그는 은사의 뒷모습을 보면서 무척 멋지게 통역을 했다고 한다. 보어는 최고의 강연을 펼쳤다. 니시나는 "이 빛을 일본에 전하고 싶었다."라며 감동에 가슴이 벅차올랐다.

이때도 니시나가 편지를 썼기 때문일 것이다. 청중 중에는 도모나가 이외에도 1949년에 일본인 최초로 노벨상을 수상한 유카와 히데키 등 젊은 학자들이 많았다. 그리고 강연 후 그들은 양자 역학 분야에서 세계적인 활약을 펼치게 된다.

도쿄대에서 강연을 마친 보어를 니시나는 각지의 명소로 안내했다. 그때 보어는 후지산의 다양한 모습에서 '상보성(相補性)'이 보인다고 말했다.

상보성이란 양자 역학의 중요한 근본 원리 중 하나다. 입자와 파동이라는 이면성, 위치와 속도의 불확정성 등 서로 섞일 수 없는 두 개의 것이 겹치는 현상을 보어는 그렇게 불렀다.

다양한 풍경이 겹쳐 하나의 후지산 이미지를 만든다. 그것이 양자 역학의 상보성과 같은 점이라고 말하고 싶었을 것이다.

삶과 죽음, 동과 서, 앞면과 뒷면.

정반대라 생각되는 것도 자연 안에서 대립하지 않고 무리 없이 공존한다. 이것이 우주의 진정한 모습이다. 이것이 보어의 원점인 '상보성'이며 그는 이를 후지산에서 보았던 것이다.

♨ 그토록 원하던 대형 사이클로트론은 완성했지만……

니시나는 쉬지 않고 양자 역학 보급에 힘썼다.

일본 최대의 자연 과학 종합 연구소인 이(理)화학 연구소에 '니시나 연구실'을 세우고 1937년 원자핵과 소립자 실험에 필요한 사이클로트론(cyclotron, 전기를 띤 입자를 가속시키기 위한 장치. 소용돌이 같은 형상을 해서 이렇게 불린다)을 일본에서 처음으로 설치했다.

하지만 '마이크로'의 세계를 밝히기에는 더욱 큰 사이클로트론이 필요했다. 니시나는 어떻게 해서라도 그것을 만들고 싶었지만 안타깝게도 당시 일본에는 그만큼의 기술이 없었다.

그래서 니시나는 사이클로트론의 발명자인 미국의 물리학자 어니스트 로런스에 협력을 요청했다. 니시나는 전쟁이 깊어지는 중 한 번도 만난 적이 없음에도 로런스에게 편지를 보내고 답장을 기다렸다.

어니스트 로런스Ernest Orlando Lawrence, 1901~1958
노벨 물리학상을 수상했다. 제103번 원소 로렌슘은 그의 이름에서 유래한 것이다.

하지만 안타깝게도 로런스는 사정이 있어 한동안 연구소를 벗어나 있었다.

로런스는 편지를 읽고 니시나에게 급하게 전보를 쳐 전쟁의 영향으로 연구소에 방문객을 들일 수 없음을 전했다. 미국에서도 군사 연구가 우선시된 까닭에 원자핵 연구가 통제되기 시작했기 때문이다.

이 전보를 받은 니시나는 당황했지만 때는 이미 늦었다. 그가 파견한 인물이 이미 일본을 출발해 미국에 도착했던 것이다.

앞으로 어떻게 될 것인가?

마치 기적과도 같이 11월 말에 귀국한 파견인의 손에는 대형 사이클로트론 설계도가 있었다. 니시나의 강한 마음이 로런스의 마음을 움직인 것이다.

니시나는 바로 설계를 시작해 기존 사이클로트론을 개조, 1943 년 대형 사이클로트론을 완성했다.

"이것으로 실험을 할 수 있겠구나! 양자 역학 이론을 실증할 수 있어!"라며 기뻐했을 것이다.

그러나 사이클로트론의 운명은 비극적이었다. 1941년 이후 강한 염원을 갖고 개조를 시작했지만 이내 일본의 전시 상황이 깊어져 태평양 전쟁에 돌입할 시기와 겹쳤다. 엄청 고생한 끝에 1944년 1월 1,600만 볼트의 중수소 빔을 낼 수 있었지만 그것이 끝이 되고 말았다.

패전을 맞으며 니시나는 "드디어 이걸로 대형 사이클로트론 완성에 전념할 수 있겠어."라며 기대했지만 그 꿈은 허망하게도 깨져 버렸다.

GHQ(연합국군 총사령부)의 원자력 연구 금지령에 따른 신속한 제재로 일본의 사이클로트론은 모두 파괴되고 말았다.

니시나의 사이클로트론도 완진히 파괴돼 1945년 11월 28일에 도쿄 만에 묻히게 됐다. 이는 니시나 연구 생활의 종말을 의미하는 것으로 일본의 원자핵 연구 중단을 알리는 것과 같았다. 그 후로 니시나는 연구 활동에 복귀하지 않았다.

니시나는 태평양 전쟁 후 처음으로 로런스에게 다음과 같은 내용의 편지를 보냈다.(1946년 7월 15일자)

📖 60인치 사이클로트론은 불행하게도 이제 태평양의 깊디깊은 바다로 영원히 사라졌습니다.

그것은 어쩌면 파괴되기 위해 만들어진 것이었을지도 모릅니다. 전쟁 때문에 우리는 사이클로트론을 연구용으로 전혀 사용할 수 없기 때문입니다.

다마키 에이히코 지음, 에자와 히로시 엮음, 『니시나 요시오–일본 원자 과학의 여명』

🔺 일본의 물리학을 견인한 니시나 요시오의 공적

니시나는 60인치(1.524m)의 거대한 사이클로트론을 만들어 이를 자식처럼 아껴 왔다. 그러나 그 사이클로트론은 파괴돼 도쿄 만에 버려졌다.

니시나의 비통함은 이루 말할 수 없었을 것이다.

아마 다시 일어설 수 없을 만큼 고통스러웠으리라. 하지만 니시나는 재기해야 했다. 대형 사이클로트론을 파괴한 GHQ는 그의 연구소 해체에도 착수했다. 일본이 더 이상 자연 과학을 연구하지 못하게 하려는 의도 때문이었다.

니시나는 '말도 안 돼!'라고 생각했을 것이다. 이화학 연구소가 없으면 일본의 과학 연구의 토대가 사라지기 때문이다.

니시나는 이화학 연구소를 남기기 위해 생각을 거듭해 묘안을 내놨다. 이화학 연구소를 민간 기업으로 만들자는 생각이었다. 정치가를 만나 국회에서 특별법을 제출하게 했고 이를 국회가 승인했다. 그리고 주식회사 과학 연구소를 세웠다.

초대 사장에는 니시나가 취임했다. 이 회사는 페니실린 배양에 성공해 자금 문제를 해결했고 니시나는 계속해서 일본 과학의 등불을 지켰다.

그리고 전쟁이 끝나고 5년이 지난 1951년 1월 10일, 니시나는 61세의 나이로 타계했다. 죽기 3개월 전 나이사이와이쵸[內幸町]의 병원에 입원하기 직전에 그는 다음과 같은 시를 남겼다.

일하고 일해서 병이 생긴다. 가을이 저물 때 즈음.

니시나는 오랫동안 노력했다. 노력하고 노력해 일본에 새로운 물리학의 빛을 가져왔다. 꿈을 다 못 이뤘을 것이다. 아직은 죽고 싶지 않았을 것이다.

니시나의 발자취에서 우리는 어떤 것을 배울 수 있을까? 양자 역학은 앞으로도 계속 발전해 응용 기술이 발명되고 혁신을 거듭할 것이다. 전쟁이 없었다면 니시나는 노벨 물리학상을 받았을지 모른다. 전쟁이 모든 것을 망쳤다.

하지만 니시나의 양자 역학에 대한 생각은 만개했다. 유카와나 도모나가와 같은 학자가 니시나 뒤에 등장해 일본의 물리학 연구는 세계를 이끌어 가게 됐다.

니시나가 연구하던 것은 여러 분야다. 예를 들어 X선 스펙트럼, 원자핵 물리학, 우주선, 생물학, 의학 등 이렇게나 최첨단의 연구를 혼자서 선도해 간 것이다.

필자의 강연인 사이언스 쇼는 다음과 같은 엔딩이 나오면서 막이 내린다(참고로 달의 표면 분화구에는 다양한 역사적 인물들의 이름을 붙이는 전통이 있다).

분화구 'Bohr'는 위도 12.4N, 경도 86.6W에
분화구 'Nishina'는 위도 44.6N, 경도 170.4W에 위치한다.
지금도 니시나와 보어는 대화를 나누고 있다.

그리고 우리를 지켜보고 있다.

1890년 12월 6일, 니시나 유키오 탄생.

모든 것은 여기서 시작됐다.

특출난 관찰력, '빛을 보는 눈'을 지닌 과학자 니시나.

소년 시절 니시나가 그린 말 그림 한 장이 그것을 말해 준다.

꿈과 걱정을 동시에 안고 유럽으로 떠난 니시나.

인생의 스승 보어를 만난다.

보어는 니시나의 빛이 됐다.

양자 역학이 탄생하는 순간을 보게 된 니시나.

니시나는 양자 역학을 완벽히 익혀 갔다.

거기에 한 줄기의 빛이 있는 한

니시나는 계속 나아가며 하나의 빛을 찾게 되리라.

니시나는 세계를 따라잡았다.

일본에 양자 역학을 전해야 한다.

니시나의 마음은 스승 보어에게 전달돼

두 명의 학생이 보어의 강연에서 미래의 빛을 느꼈다.

유카와 히데키와 도모나가 신이치로.

스승 니시나의 빛을 받고 세계로 나갔다.

그들은 일본의 새로운 빛이 됐다.

지금 우리의 미래를 비추는 니시나의 염원과 꿈.

니시나 유키오, 멋진 빛 감사합니다.

제6장

페르마,
다니야마 유타카

초난제 완전 증명에
홀린 수학자들

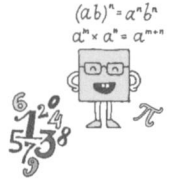

피에르 드 페르마 Pierre de Fermat, 1601~1665
정수 문제에 많은 업적을 남겼다. '페르마의 마지막 정리'를 제기했다.

다니야마 유타카谷山豊, 1927~1958
'다니야마·시무라의 추론'으로 '페르마의 마지막 정리' 해결에 기여했다.

🔺 허무한 인간에게 신이 준 최고의 바통

17세기 프랑스의 수학자 페르마는 수학 사상 최대의 난문을 남겼다. 이것이 300년 이상에 걸쳐 수학자를 고민하게 만든 '페르마의 마지막 정리'다.

오랫동안 '페르마의 마지막 추측'이었지만 1994년에 영국의 수학자 앤드루 와일스(Andrew Wiles, 1953~)가 증명해 '마지막 정리'가 됐다.

나는 이 '페르마의 마지막 정리'의 역사에서 실로 많은 것을 배웠다. 그중 하나는 '계산이란 여행이다. 등호(=)는 선로(rail)와 같다'라는 것이다.

등호란 형태가 없고 영원한 진리를 나타내며 영원히 헛되지 않은 선로다. 그리고 허무한 우리의 일생은 수학이라는 계산의 이어달리기로 계승된다.

수학이란 무엇인가? 많은 수학자들이 제각기 생각해 왔을 것이다.

"허무한 인간을 위해 신이 준 최고의 바통, 그것이 수학이다."

이것이 주제넘게도 내가 느낀 점이다.

바통은 많은 수학자의 손을 거쳐 와일스의 손에 주어져 '페르마의 마지막 정리'가 증명됐다. 수학의 여신에게 바통을 받은 순간이다. 이처럼 시대를 초월한 이어달리기가 수학 세계에서는 가능하다.

페르마의 저주를 푼 것은 틀림없이 와일스였다. 하지만 와일스가 직접 증명한 것은 실은 페르마의 마지막 정리가 아니다. 일본의 '다니야마·시무라의 추론'이었다.

그리고 다니야마 유타카, 시무라 고로(志村伍郎, 1930~, 다니야마의 공동 연구자)의 바탕에는 라마누잔, 오일러가 있다. 더욱이 페르마의 근본에는 피타고라스가 있다. 장대한 수학의 이야기가 모두 모여 있는 것이다.

하지만 이 전모를 밝히기에는 그 여정이 무척 길고, 바통을 받은 수학자 모두를 소개하는 것도 쉽지 않은 일이다. 그래서 이번 장에서는 일본인 수학자인 다니야마 유타카를 중심으로 이야기를 풀어가고자 한다.

전 세계의 수학자가 인생과 전 재산을 바쳐 도전했음에도 그 도전들을 모두 물리쳤던 '페르마의 마지막 정리'는 실은 일본인 수학자의 엄청난 공헌이 있었기에 그 해결이 가능했다.

🏛 여백에 적은 여러 정리

프랑스 남서부의 작은 마을에서 태어난 페르마는 툴루즈(Toulouse) 대학에서 공부했으며 평생 법률가로 지냈다. 페르마는 재판정에서 바쁘게 일하면서도 시간이 나면 수학에 전념한 '위대한 아마추어 수학자'였다.

'페르마의 마지막 정리'도 정식 논문으로 발표된 것은 아니다. 이는 페르마가, 고대 그리스의 수학자 디오판토스(Diophantos, 210년경~290년경)가 쓴 문자식을 사용한 최초의 수학서 '『산술(算

術)』을 읽으며 그 책의 여백에 적은 메모 중 하나에 지나지 않았다.

페르마가 죽고 난 1670년, 아버지가 적은 내용들을 담은 특별판 '산술'을 아들이 출판하면서 비로소 세상에 알려지게 됐다. 이 책에는 페르마의 많은 정리가 적혀 있었는데 증명은 적혀 있지 않았다. 이들 정리는 그 후 오일러의 손으로 하나하나 증명됐다.

하지만 마지막 하나는 아무리 증명하려고 해도 증명할 수가 없었다. 그것이 '페르마의 마지막 정리' 혹은 '마지막 추측'이라 불리게 된 것이다.

그렇다면 '페르마의 마지막 정리'란 어떤 것일까? 수학 역사상 최대의 난문이라 불렸기에 아마 다들 수학 전문가가 아니면 이해할 수 없을 것이라고 생각할 것이다.

그러나 실은 무척 간단해 피타고라스의 정리만 알면 누구나 이해할 수 있는 정리다.

다음의 표를 보자. 정말로 간단명료하지 않는가? $n=2$이면 이

◆ **페르마의 마지막 정리**

$$x^n+y^n=z^n$$

n이 3 이상의 자연수일 때 이 등식을 만족하는 0이 아닌 정수 x, y, z는 존재하지 않는다.

는 말할 것도 없이 피타고라스의 정리이며 이 등식을 만족하는 세 정수는 무수히 존재한다. 말하자면 '피타고라스의 수'다.

가장 유명한 것이 '3, 4, 5'다. '$3^2+4^2=5^2$'라는 것은 암산으로도 알 수 있다. 중학생들도 '$5^2+12^2=13^2$' '$8^2+15^2=17^2$' 정도는 알지 모르겠다.

'$n=2$'일 때 답은 얼마든지 존재한다. 그런데 '$n=3$'이 되면 답이 사라진다. n이 4여도 5여도 6이어도 답은 존재하지 않는다. 즉 n이 3 이상일 때 해는 존재하지 않는다. 이것이 '페르마의 마지막 정리'다. 무척 이해하기 쉬운 정리다. 그럼에도 이를 증명하는 것은 무척 어려웠다.

페르마 자신은 이를 증명했던 것일까? 책 여백에는 다음과 같은 문장이 적혀 있을 뿐이라 한다.

'나는 정말로 놀랄 만한 증명을 발견했지만, 이 여백은 이를 쓰기에는 너무 좁다.'

이때부터 수학자들의 긴 투쟁의 역사가 시작된다.

🔺 전 세계 수학자들을 놀라게 한 '다니야마·시무라의 추론'

와일스가 '페르마의 마지막 정리'를 만난 것은 1963년, 그가 열 살 때였다. 그리고 그는 '이걸 증명하고 싶다!'라고 생각했다.

이후 와일스는 계속 그 꿈을 꿨지만 캠브리지 대학의 대학원생이 됐을 무렵 그 생각을 잠시 봉인했다.

지도 교수가 이렇게 충고했기 때문이다.

"와일스 군, 이야기를 좀 하세. 자네가 페르마의 마지막 정리를 풀고 싶은 마음은 잘 알겠지만 페르마에 홀린 사람의 말로를 알고 있겠지? 자네는 우수한 인재야. 절대 페르마에는 손대면 안 돼. 그것 말고 유리 타원 곡선(계수가 유리수인 타원 곡선)을 연구하게."

자신이 가진 생각만으로는 페르마에 접근할 수 없다 느낀 와일스는 잠시 꿈을 내려놓고 '유리 타원 곡선'을 연구했다. 이것이 운명의 선택이 됐다. 결과적으로 그는 바통을 받을 준비를 하게 된 것이다.

타원 곡선이란 간단히 말하면 $y^2=x^3+ax^2+bx+c$라는 방정식으로 정리되는 곡선이다. 타원 곡선이라 해도 이는 타원과는 관계가 없다.

이 타원 곡선에 관해 획기적인 아이디어를 제시한 것이 다니야마 유타카다. 1955년, 닛코[日光]에서 '대수(代數)적 정수론 국제 심포지엄'이라는 국제 회의가 열렸다. 험난한 전쟁을 겪은 후의 일본에 전 세계의 정수론 학자가 모였다. 아마 일본의 젊은 수학자들을 격려하려는 의미가 있었을 것이다.

이 회의에서 다니야마는 "모든 유리 타원 곡선은 모듈러다."라

는 아이디어를 제시했다.(162페이지 내용 참조)

당시 최고의 수학자였던 프랑스의 천재 학자 앙드레 베유가 이를 듣고 감탄했다.

"자네 지금 엄청난 말을 했군!"

앙드레 베유André Weil, 1906~1998
정수론, 대수 기하학으로 큰 업적을 남겼다.

그만큼 엉뚱한 아이디어였다. 하지만 이때 다니야마는 제대로 설명할 수가 없었다.

이는 나중에 다니야마의 친구였던 시무라 고로가 완벽한 형태로 설명하는 데 성공해 '다니야마·시무라의 추론'이라 불리게 됐다. 그러나 당시에는 그 어느 누구도 '다니야마·시무라의 추론'이 '페르마의 마지막 정리'와 관계가 있을 것이라 생각지 못했다.

하지만 닛코의 심포지엄에서 '페르마의 마지막 정리'를 해결할 단서가 나타나게 되었다. 닛코에서 다니야마가 제시한 것은 다음 페이지의 문제다.

우선 다니야마·시무라의 추론이란 다음과 같다.

'타원 곡선의 제타 함수는 무게 2의 보형 형식 함수가 된다.'

모두 '수학은 언어'라는 것을 떠올리기 바란다. 이 언어를 그대

C를 대수체 k상에서 정의된 타원 곡선으로 삼고, C에서 k로의 L 함수를 $L_c(s)$로 쓴다:

$$\zeta_c(s) = \frac{\zeta_k(s)\zeta_k(1-s)}{L_c(s)}$$

는 C는 k로의 제타 함수다.

혹 하세의 추측이 $\zeta_c(s)$에 대해 옳다면 $L_c(s)$보다 역 멜린 변환으로 얻을 수 있는 푸리에 급수는 특별한 형태의 무게가 -2인 보형 형식이어야만 한다.

만약 그렇다면 이 형식이 그 보형 함수체의 타원 미분이 되는 것은 매우 확실하다.

그렇다면 C에 대한 하세 추측 증명은 이와 같은 고찰을 역으로 따라가 $L_c(s)$를 얻을 수 있는 적당한 보형 형식을 찾아내는 것으로 가능할까?

▶ **대수체** : 대수 방정식의 해 집합.
▶ **L 함수** : 제타 함수의 일종.
▶ **하세** : 168페이지 참조.
▶ **(역) 멜린 변환** : 핀란드의 수학자 하잘마르 멜린(Hjalmar Mellin, 1854~1933)이 만든 수식 변환법.
▶ **푸리에 급수** : 일반 함수를 삼각 함수의 합으로 나타낸 것.

로 이해하기 위해서는 계산이 필요하다. 필자가 예전에 학원에서 고등학생들에게 수학을 가르칠 때는 계산을 시작하기 전 늘 학생들에게 이렇게 말을 걸었다.

"해 봅시다! 계산! 아니, 그 전에 '말'이 있다. 말을 소중히 하자."

수학은 인류가 만들어 낸 '유일한 최강의 인공 언어'다.

일단 '제타 함수'에 대해서는 나중에 설명하겠다. 우선 '보형 형식'이라는 것은 '모듈러 형식을 포함한 일종의 함수'다.

그렇다면 '모듈러 형식'이란 무엇일까? 수론(數論)의 권위자인 독일의 마르틴 아이힐러(Martin Eichler, 1912~1992)는 다음과 같이 말했다.

"기본적인 대수 연산에는 다섯 가지가 있다. 덧셈, 뺄셈, 곱셈, 나눗셈 그리고 모듈러 형식이다."

모듈러 형식이란 복소평면의 함수로 극단적일 만큼 높은 대칭성을 지닌 것이 특징이다. 실수를 일차원(직선) 상의 수로 봤을 때 복소수는 이차원(평면) 상에 존재하는 수로 볼 수 있다. 복소평면이란 복소수가 존재하는 평면으로 가우스 평면이라고도 한다.

그리고 타원 곡선과 모듈러 형식은 수학 중에서도 전혀 다른 영역에 속하며 모두가 '둘은 아무런 관계가 없다.'라고 생각해 왔다.

그런데 다니야마·시무라의 추론은 '타원 곡선은 모두 모듈러다.'라며 서로를 관련지었다. 이것은 엄청난 생각이었다.

🔺 '다니야마가 옳다면 페르마도 옳다'

결국 다니야마·시무라의 추론은 전 세계의 수학자라면 모두 알 만큼 유명해졌다. 하지만 이를 '페르마의 마지막 정리'와 연결지어 생각하는 사람은 아무도 없었다.

닛코의 심포지엄으로부터 30년 가까이 지난 1984년, 프레이 곡선의 연구로 유명한 독일의 수학자 게르하르트 프레이(Gerhard Frey, 1944~)가 "다니야마·시무라의 추론을 증명하는 것은 그대로 페르마의 마지막 정리를 증명하는 것으로 이어진다."라며 놀랄 만한 주장을 폈다.

그리고 1986년 다니야마·시무라의 추론이라는 선로가 페르마의 선로와 이어지는 순간을 맞는다. 미국의 수학자 케네스 리벳(Kenneth A. Ribet, 1948~)이 프레이의 아이디어를 증명한 것이다. 이 증명에는 미국의 수학자 배리 마주르(Barry Mazur, 1937~)라는 중진 학자의 조언이 큰 역할을 했다.

리벳은 다음과 같이 말했다

"다니야마가 맞다면 페르마도 맞다. 다니야마가 틀리면 페르마도 틀리다."

21세기를 목전에 두고 드디어 '페르마의 마지막 정리'의 극적인 돌파구를 찾은 것이다. 하지만 '그래서?'라는 것이 수학자들 대부분의 생각이었다.

왜냐하면 다니야마·시무라의 추론을 증명하는 것은 무척 어려웠기 때문이다.

"무슨 말인지 알겠어요. 페르마를 풀려면 다니야마·시무라의 추론을 풀면 되는 거죠? 그런데 다니야마·시무라의 추론을 푸는 건 어렵습니다. 몇백 년쯤 걸릴까요? 역시 페르마는 어렵네요."

누구도 앞으로 나가려 하지 않았다. 단 한 사람의 수학자를 빼고는 말이다.

바로 와일스였다. 그는 선로 앞의 풍경을 확신했다.

'페르마의 마지막 정리를 증명하고 싶다.'라는 열 살 때부터의 꿈을 봉인하고 유리 타원 곡선을 연구했던 와일스가 그제야 깨달음을 얻은 것이다.

"지금 내가 하고 있는 연구 앞에 페르마가 있을지 모른다."

그는 혼자 여행을 떠나기로 결심하고 일생 단 한 번의 열차에 올랐다. "그래! 바로 이거다!"라면서 말이다.

여러 수학자의 이어달리기 끝에 드디어 와일스에게 바통이 전달됐다. 그는 그로부터 8년 가까이 자택의 뒷방에서 엄청난 계산을 거듭했다.

그렇게 드디어 때가 왔다.

1994년 9월 19일 오전 10시. 와일스는 다음과 같이 외쳤다.

"다니야마는 맞았어. 그리고 페르마도 맞았어! Q.E.D.(증명

완료)"

300년 이상 이어져 온 이어달리기가 막을 내린 순간이었다. 이 순간을 와일스는 이렇게 말했다.

"말로는 할 수 없는 아름다움에, 너무나 단순해서 우아했기 때문에 처음에는 믿을 수 없었다."

실은 1993년에 와일스는 마지막 정리를 증명했다고 발표한 적이 있다. 그런데 그 논문이 심사될 때 결함이 발견됐다. 설명할 수 없는 부분이 한 곳 있었던 것이다. 수학에서는 한 곳의 실수가 치명적인 경우가 많다. 이를 고치려 하면 전체가 흐트러지고 만다.

와일스는 바로 증명을 수정하기 시작했다. 그때까지 혼자 계산해 왔던 것을 이번에는 전 세계 수학자들의 주목을 받으며 해야 했다.

혹시 누군가가 먼저 장군을 부르면 끝나는 게임이었다. 그는 엄청난 중압감을 느끼며 1년 동안 격투를 펼쳤던 모양이다. 다음 해 드디어 증명을 마쳤기 때문이다.

그럼 와일스의 증명이란 어떤 것이었을까? 이를 한마디로 표현하는 것은 무척 어렵지만 설명할 수 있는 부분도 있다. 다음 페이지의 표를 살펴보자.

결국 와일스는 많은 수학자들의 논문을 모두 읽고 소화해 이를 패치워크처럼 이어 붙여 강력한 무기를 만들어 페르마의 마지막

◆ 와일스의 증명

n이 3 이상의 자연수일 때 $x^n + y^n = z^n$에 해가 있고

$a^n + b^n = c^n$이 된다고 가정하면(귀류법!)

$$y^2 = x(x - a^n)(x + b^n)$$

으로 표현되는 도형(타원 곡선)이 나타나지만

다니야마의 추측에 따르면 이와 같은 타원 곡선은 존재하지 않는다.

이는 모순이다. 따라서 해는 존재하지 않는다.

추측에 맞서 싸웠다.

싸움에서 승리한 와일스는 위대한 수학자임에 틀림없다. 이는 세기의 증명이라 해도 과언이 아니다. 그리고 수학의 세계에서는 한 명의 영웅이 극적인 성과를 이루어 내기도 한다.

하지만 와일스가 어떻게 문제를 해결했는가를 생각하면, 필자로서는 역시 수학은 수학자의 이어달리기로서 발전했다는 생각이다. 다니야마, 시무라 그리고 프레이, 리벳, 마주르. 이런 사람들이 없었다면 페르마의 마지막 정리는 풀리지 않았을 것이다. 그들 전원이 증명에 공헌한 수학자다.

그뿐만이 아니다.

오일러, 다카기 데이지, 노르웨이의 수학자 아틀레 셀베르그, 오스트리아의 수학자 에밀 아르틴, '랭글랜즈 추측'으로 알려진

캐나다의 로버트 랭글랜즈(Robert Langlands, 1936~), 유리 대수 곡선에 관한 중요한 정리를 증명해 모델 추측을 해결한 독일의 수학자 게르트 팔팅스(Gerd Faltings, 1954~)와 같은 정수론의 천재도 페르마와 격투를 펼쳤다.

아틀레 셀베르그(Atle Selberg, 1917~2007)
추적 공식, 셀베르그 제타의 발견 등 업적을 남겼다. 소수 정리를 초등적으로 증명했다.

에밀 아르틴(Emil Artin, 1898~1962)
아르틴 환(Artinian ring)을 제창했다.*

다카기는 유체론(類體論)이란 세계에 자랑할 만한 이론을 만들었다. 유체론을 감히 한마디로 말하자면 수의 세계는 신비롭다는 이론이다.

다니야마·시무라의 추론에서 언급된 독일의 수학자 헬무트 하세를 비롯해 독일의 수학자 에리히 헤케, 스킴(scheme, 계획, 기획, 설계)의 독자적인 연구로 유명한 수학자 알렉산더 그로텐디크(Alexander Grothendieck, 1928~), '베유 추측' 해결로 유명한 벨기에의 수학자 피에르 들리뉴(Pierre Deligne, 1944~)와 같은 수학자의 공적도 있다. 와일스는 열아홉 살 때 결투로 쓰러진 비극적

---

* 감수자 주: 대수학 군, 환, 체— 어떤 집합에 덧셈 같은 연산을 하나 주면 '군'이고, 덧셈과 곱셈 같은 연산을 두 개 주면 '환'이고, 둘 다 역원이 있고 교환 법칙이 성립하면 '체'다.

천재인 프랑스의 수학자 갈루아의 성과도 활용했다.

헬무트 하세Helmut Hasse, 1898~1979
대수적 정수론을 주로 연구했다. 하세 수는 그의 이름에서 유래했다.

에리히 헤케Erich Hecke, 1887~1947
헤케 환(On hecke rings)을 제창했다.

에바리스트 갈루아Évariste Galois, 1811~1832
군론(군(群)에 대해 연구하는 대수학의 한 분야)의 창시자로 갈루아 이론을 만들었다.

이런 학자들이 있었기에 수학이 발전했고 그 결과 와일스도 성공
할 수 있었던 셈이다.

🌸 제타 함수가 밝힌 신기한 수의 세계

'페르마의 마지막 정리'를 논할 때 잊어선 안 되는 것이 '제타 함
수'다. 실은 다니야마, 시무라, 라마누잔, 와일스도 모두 이 제타
함수의 힘을 빌려 수의 세계를 밝히는 것에 성공했다.

그 발단은 오일러다.

$$\frac{1}{1^2} + \frac{1}{2^2} + \frac{1}{3^2} + \frac{1}{4^2} + \frac{1}{5^2} + \frac{1}{6^2} + \frac{1}{7^2} + \frac{1}{8^2} + \frac{1}{9^2} + \frac{1}{10^2} + \cdots\cdots$$

이렇게 계속 더해 나가면 몇이 될까?

이를 밝힌 것이 오일러로 그 값은 $\frac{\pi^2}{6}$ 이다(여기서 π가 등장한다).

여기에서 분모가 네 제곱이 되면 $\frac{1}{1^4}+\frac{1}{2^4}+\frac{1}{3^4}+\cdots\cdots$

답은 π의 네 제곱($\frac{\pi^4}{90}$)이 되고, 분모가 육 제곱이 되면

$\frac{1}{1^6}+\frac{1}{2^6}+\frac{1}{3^6}+\cdots\cdots$

답은 π의 육 제곱($\frac{\pi^6}{945}$)이 된다.

오일러는 자연수의 세계에 이와 같이 π와 관계한 규칙이 있다는 것을 발견했다. 이것이 '제타 함수'라 불리는 것이다. 분모가 자연수의 거듭제곱일 때 무한히 더하면 얼마가 되는가라는 무한급수 문제다.

이는 다음 표와 같이 나타낼 수 있다(리만의 제타 함수).

◆ 제타 함수를 사용하면 무한까지 구할 수 있다

리만의 제타 함수

$$\zeta(s)=\sum_{n=1}^{\infty}\frac{1}{n^s}$$

s가 −1, −2, −3일 때의 계산

$$\zeta(-1)=1+2+3+4+\cdots\cdots=-\frac{1}{12}$$
$$\zeta(-2)=1^2+2^2+3^2+4^2+\cdots\cdots=0$$
$$\zeta(-3)=1^3+2^3+3^3+4^3+\cdots\cdots=\frac{1}{120}$$

$$\sum_{k=1}^{n} k^i = \sum_{j=0}^{i} {}_i C_j \cdot B_j \frac{n^{i+1-j}}{i+1-j}$$

증명식

$$1+2+3+\cdots\cdots = \frac{1}{1^{-1}} + \frac{1}{2^{-1}} + \frac{1}{3^{-1}} + \cdots\cdots$$

$$= \sum_{n=1}^{\infty} \frac{1}{n^{-1}}$$

$$= \zeta(-1)$$

$$= \zeta(1-2)$$

$$= -\frac{B_2}{2}$$

$$= -\frac{1}{6} \cdot \frac{1}{2}$$

$$= -\frac{1}{12}$$

$$\zeta(1-m) = -\frac{B_m}{m}$$

※B_m이 세키·베르누이 수, m은 자연수

$$B_2 = \frac{1}{6}$$

제타 함수는 소수와 밀접한 관련이 있다. 그러므로 '페르마의 마지막 정리'가 제타 함수와 상당히 밀접히 관련돼 있는 것을 이해하길 바란다.

정수는 소수의 합으로 이루어져 있으므로 소수 세계의 시스템을 알면 신기한 수의 세계의 시스템을 알 수 있게 된다.

다시 식을 살펴보자. 상당히 신기한 계산인 것처럼 보이지만 제타 함수를 통해 계산하면 무한급수보다 정교한 계산(이와 같은 계산을 분석 접속이라 한다)을 할 수 있다는 것을 알 수 있다.

이것이 제타의 힘이다. 즉 제타 함수를 사용하면 무한까지도 구할 수 있다.

그 바탕이 되는 것이 세키 다카카즈가 발견한 '세키·베르누이 공식'이다. 두 사람은 독자적으로 연구했지만 세키가 조금 먼저 발견했다.

옆의 공식을 살펴보자. B_m을 세키·베르누이 수라고 한다. 즉 제타와 세키·베르누이 수가 이어져 우아한 공식이 탄생했다.

그럼 증명을 살펴보자. 확실히 $1+2+3+\cdots\cdots=-\dfrac{1}{12}$에 도달한다.

더욱이 그 배경에는 '오일러·매클로린 공식'도 존재한다. 172페이지의 표를 살펴보자. 내가 좋아하는 공식이다.

그럼 아래 정리한 증명식에 주목해 보자. 앞서 모듈러에는 대칭성이 있다고 했는데, 이는 그런 세계를 표현하는 하나의 진실이다. s와 (1−s)가 이어져 있는데 이런 것을 대칭성이 있다고 말한다. 이를 사용해도 역시 $1+2+3+\cdots\cdots=-\dfrac{1}{12}$이 된다.

이어서 173페이지의 공식을 살펴보자. 라마누잔은 제타 함수에 관한 추측을 발표했다. 그 증명에 공헌한 것이 구가 미치로[久賀道郎], '초함수'로 세계적으로 유명한 사토 미키오(佐藤幹夫, 1928~),

◆ 오일러 · 매클로린 공식

a, b를 $a \leqq b$가 되는 임의의 정수, M을 임의의 자연수라 하자. $f(x)$를 구간 $[a, b]$로 M회 연속 미분 가능한 함수라 할 때,

$$\sum_{n=a}^{b} f(n) = \int_{a}^{b} f(x)dx + \frac{1}{2}\left(f(a) + f(b)\right)$$
$$+ \sum_{k=1}^{M+1} \frac{B_{k+1}}{(k+1)!}\left(f^{(k)}(b) - f^{(k)}(a)\right)$$
$$- \frac{(-1)^M}{M!} \int_{a}^{b} B_M\left(x - [x]\right) f^{(M)}(x)\, dx$$

증명식(오일러)

기수 $s < 0$에 대해

$$\zeta(s) = 2(-s)!(2\pi i)^{s-1}\,\zeta(1-s)$$

$$
\begin{aligned}
1 + 2 + 3 + \cdots\cdots &= \frac{1}{1^{-1}} + \frac{1}{2^{-1}} + \frac{1}{3^{-1}} + \cdots\cdots \\
&= \sum_{n=1}^{\infty} \frac{1}{n^{-1}} \\
&= \zeta(-1) \\
&= 2(-(-1))!(2\pi i)^{-1-1}\,\zeta(1-(-1)) \\
&= 2(1)!(2\pi i)^{-2}\,\zeta(2) \\
&= 2 \cdot 1 \cdot \frac{-1}{4\pi^2} \cdot \frac{\pi^2}{6} \\
&= -\frac{1}{12}
\end{aligned}
$$

$$\sum_{n=1}^{\infty} \tau(n) n^{-s} = \prod_{p:\text{소수}} (1 - \tau(p) p^{-s} + p^{11-2s})^{-1}$$

$$|\tau(p)| < 2p^{11/2}$$

이하라 야스타카(伊原康隆, 1938~) 등의 일본인 수학자다. 안타깝게도 마지막 성과는 벨기에의 들리뉴가 발표했지만 말이다.

여기에 이와사와 겐키치(岩澤健吉, 1917~1998)가 '제타 값은 신기하다.'라는 것을 엄밀히 증명하는 데 성공했다(이와사와 이론). 와일스는 최종적으로 이와사와 겐키치가 만든 장대한 이야기를 사용해 다니야마·시무라의 추론을 증명하는 데 성공했다.

🔺 천재 수학자 다니야마 유타카의 죽음

마지막으로 다니야마 유타카라는 수학자에 대해 이야기하고자 한다. 다니야마는 내 머릿속에서 떠나질 않는 수학자다. 그 이유는 그와 관련된 슬픈 이야기가 있기 때문이다.

2008년, 필자는 사이타마[埼玉] 현의 의사인 다니야마 유타카의 형과 만났다. 다니야마 유타카의 이야기를 듣고 싶다고 말하니 환영해 주셨고 여러 가지 이야기를 들려주셨다.

1927년, 사이타마에서 태어난 다니야마 유타카는 소년 시절, 물구나무서기도 달리기도 잘하지 못했다. 당시는 군국주의 시대여서 체육을 못하면 구 제일고(현 도쿄 대학)에 들어가지 못했다. 그래서 다니야마는 재수를 해서 도쿄 대학 이학부 수학과에 입학했다.

어린 시절에는 유치원에 들어갔다 바로 나왔다고 한다. 사람들과 잘 사귀질 못하는 데다 몸도 약한 소년이었기 때문이다.

하지만 형과는 무척 사이가 좋아 형제끼리 자주 장기나 바둑을 뒀다. 바둑 규칙서가 있었는데 흥미롭게도 소년 유타카는 규칙서를 보지 않고 놀았다고 한다. 정말로 수학자다운 태도.

규칙을 발견하거나 만드는 것이 수학이므로 규칙서를 보는 것은 수학자에게는 무척이나 굴욕적인 행동이다. 눈앞의 바둑판에서 합리적인 규칙을 발견하는 편이 재밌다. 소년 유타카는 그렇게 생각하지 않았을까?

다니야마는 1953년에 대학을 졸업하고 다음 해 조교가 됐다. 그때부터 다니야마 인생의 황금기가 시작된다.

1955년에는 앞에서 말한 닛코의 국제 심포지엄에서 세계적인 수학자를 놀래킬 만한 '다니야마 추론'을 발표했다. 1958년 4월에는 부교수가 됐고 10월에는 스즈키 미사코[鈴木美佐子]와 약혼했다. 그리고 미국의 프린스턴(Princeton) 고등 연구소의 초빙을 받았다. 다니야마는 자신의 꿈인 수학의 길을 걷는가 싶었다.

그러나 같은 해 11월 17일 오전 3시, 그는 스스로 목숨을 끊었다. 이케부쿠로[池袋]의 세이잔소[静山壯] 20호실에서 가스 밸브 꼭지를 열어 혼자만의 여행을 떠났다.

그의 형은 장례식장에 있던 미사코의 일을 기억하고 있었다. 그녀는 씩씩하게 행동했다고 한다. 실은 그때까지도 동생이 약혼했는지 몰랐단다.

미사코는 형에게 한 가지 부탁을 했다. "유타카의 양복을 얻고 싶어요."

그리고 미사코는 다니야마가 살던 세이잔소 바로 옆 아파트를 빌려 2주 후인 12월 2일 다니야마의 뒤를 따랐다. 다니야마가 죽은 시간과 같은 오전 3시에 형에게서 받은 양복을 보면서 말이다.

도대체 다니야마에게 무슨 일이 있었던 것일까? 필자는 미국에서 건강히 생활하고 있는 시무라 고로 선생과 전화할 기회가 있었는데 그는 "모른다."라고 답했다.

너무나도 슬픈 이야기다. 수학이란 왜 이렇게까지 사람을 고통스럽게 하는가 하고 진지하게 고민했다. 왜 다니야마는 순풍에 돛 단배 같은 인생을 그렇게 끝내야만 했을까?

아마도 다니야마라는 남자는 상당히 섬세해 다른 사람이 천재라고 말해도 미래에 대한 자신감이 없었던 것은 아닐까? 시무라 선생과 대화하면서 필자는 그런 생각을 했다.

그리고 이와 같은 이야기를 들으면 '역시 수학은 무섭다.'라는 생각이 든다. '수학은 사람의 생명까지 빼앗는 것이다.'라고 말이다. 다니야마는 수학의 세계에서만 자신이 있을 곳을 찾을 수 있었던 걸까? 만약 수학의 세계에서 미래를 비관했다면 수학 이외의 길을 찾으면 되지 않았을까? 왜 다니야마는 그렇게 하지 못했을까?

필자는 이번 책에서 독자에게 수학의 위대함과 재미에 대해 즐겁게 이야기하고 있다. 필자가 죽는 것은 계산용 펜을 떨어뜨렸을 때다. 곧 죽을 때까지 계산하려고 한다. 하지만 다니야마는 수학의 세계에만 있었고 거기서 좌절하자 미래를 비관해 목숨을 끊었다.

나는 다니야마에게 한마디 하고 싶다. "그래도 그건 아니잖아요!"

수학은 많은 세계를 떠받친다. 지금 이 순간에도 수의 세계는 우리를 지탱하고 있다. 모두가 수학을 싫어한다 해도 수는 모두를 버리지 않는다. 영원히 우리를 지지해 준다.

수학이 지닌 영원성, 그것에야말로 수학의 진수가 있다.

제7장

라마누잔

아름다운 공식과 원주율 이야기

$$(ab)^n = a^n b^n$$
$$a^m \times a^n = a^{m+n}$$

스리니바사 라마누잔Srinivasa Aiyangar Ramanujan, 1887~1920
인도의 수학자. 천재적인 번뜩임을 바탕으로 많은 공식을 발견했다.

🌰 라마누잔과의 만남

모두 라마누잔이란 수학자를 알고 있는가?

19세기 말 남인도에서 돌연 나타나 20세기 초라는 눈 깜짝할 사이에 세상을 떠난 수학자다.

1990년대 초 나는 다음 페이지의 라마누잔 공식과 만났다.

오른쪽 변을 계산하니 3.14159265······라는 숫자가 노트 위에 나타났다. 이는 확실히 π값이다.

"이건 진짜다!"

대학생이던 나는 한 진실과 만나 내 안의 무언가가 바뀔 것이라는 것을 느꼈다. 그것이 무엇이었는지, 그때는 알 수 없었다.

관심사는 수학뿐

1887년 라마누잔은 브라만(사제 계급) 가정에서 태어나 힌두교의 엄격한 규율 속에서 자랄 운명이었다.

어릴 적부터 계산을 잘해 어떤 어려운 문제도 그가 풀면 바로 답을 구할 수 있었다. 그러나 집이 가난해 학교에 다닐 수 없었다. 열다섯 살 때 친구에게 선물받은 수학책을 계기로 라마누잔은 공식 발견 여행을 떠나게 된다. 그는 그 책에서 소개된 정리와 공식을 모두 혼자 힘으로 증명하는 데 열중해 '계산하는 즐거움'에 흠뻑 빠졌다.

라마누잔의 천재성은 주변에도 알려져 대학에 진학할 수 있었다. 단, 수학 이외의 학문에는 관심을 갖지 못해 결국 진급하지 못하고 중퇴했다. 그래도 그는 더욱 수학의 세계에 빠져들었다.

주변 사람들은 라마누잔의 높은 수준의 연구를 따라가지 못했고, 라마누잔은 당시 수학 연구가 가장 활발했던 영국의 수학자에게 편지를 보내 보라는 권유를 받게 된다.

하지만 편지를 받은 수학자들 대부분이 라마누잔의 연구 내용을 이해하지 못했고 편지를 반송했다. 그중에 단 한 명만이 라마누잔의 엄청난 능력을 알아챘다.

그것이 캠브리지 대학의 수학자 하디였다.

고드프리 헤럴드 하디Godfrey Harold Hardy, 1877~1947
영국의 수학자. 해석적 정수론에 큰 영향을 끼쳤다.

🌸 하디와의 만남

앞에서 소개한 공식은 1914년에 발표된 것이다. 그해에 라마누잔은 영국으로 갔다. 기묘한 정리가 가득한 편지를 보고 라마누잔의 천재성을 직감한 하디가 라마누잔을 영국으로 부른 것이다. 하디에게 인정받은 라마누잔은 본격적으로 수학자로서 활동하기 시작했다.

오른쪽 변의 기묘한 수식이 직경 1인 원주의 길이(약 3.14)를 나타낸다는 말을 듣고 바로 "그렇네."라며 수긍하는 사람은 아마 없을 것이다. 라마누잔은 이 공식을 증명하지 않았다.

하디는 라마누잔에게 증명을 해 보라 했지만 라마누잔은 제대로 설명하지 못했다. 하지만 하디는 라마누잔을 질책하지 않았다.

하디도 나와 마찬가지로 살짝 계산했을지 모른다. 그리고 답이 올바르다는 것을 예감하고 미소 짓지 않았을까?

환상일지 모르는 '등호'를 눈앞에 두고 아마 하디의 마음은 춤을 췄을 것이다. 수학의 여신의 조수와 같이 나타난 라마누잔이 아무도 본 적 없는 수식을 보여 줬기 때문이다.

하디의 기쁨은 미지의 수식과 만날 수 있다는 것과 그 수식을 만든 사람을 독점할 수 있다는 것이었으리라.

라마누잔이 계산해 하디가 증명한다. 이렇게 2인 3각 연구가 시작됐다. 두 사람이 함께 연구한 것은 3년이 채 안 되지만 하디는 라마누잔을 마치 보석처럼 소중히 다뤘다. 그의 애정 덕에 라마누잔과 그 수식은 세상에 알려지게 됐다.

♠ 현대를 살아가는 라마누잔 공식

앞서 언급한 공식이 발견된 지 70년 이상 지난 1987년, 캐나다인 수학자 요나단 보어와인(Jonathan Borwein, 1951~)과 피터 보어와인(Peter Borwein, 1953~)이 라마누잔 공식 증명에 성공했다.

그리고 1989년 구소련 출신 수학자 데이비드 처드노프스키(David Chudnovsky, 1947~)와 그레고리 처드노프스키(Gregory Chudnovsky, 1952~)는 이 공식을 사용해 원주율 π의 10억 자리까지 계산해 세계 기록을 달성했다.

모든 수식이 그렇지만 라마누잔의 수식도 시대를 초월해 계속 진화하고 있다. 일정 기간의 생명을 지닌 우리이기에 영원한 생명을 지닌 수식과 접하는 것에 기쁨을 느끼는 것이다.

라마누잔의 계산 발자취는 후에 '라마누잔 노트'라 불리는 세 권의 작은 편지의 공식집에 남아 있다. 노트에 적힌 놀라운 계산을 보다 보면 π와 관련된 계산이 여러 차례 등장한다.

실제로 공식을 살펴보자.

다음 페이지의 식은 π와 관련된 계산은 아니지만 한눈에 왼쪽 변과 오른쪽 변이 같은지 알 수 없다.

라마누잔의 노트 마지막을 장식하는 것은 역시 원주율 계산이다.

184페이지의 계산은 원주율 값 3.14159265……를 나타내는 근사식이다. 이전 공식에서와 같이 $\sqrt{\ }$를 공들여 사용한 것을 알 수 있다. π의 값과 계산 결과를 비교해 보자.

　π가 다양한 수 사이에 놓인 수식도 많다.

　185페이지의 공식을 살펴보자. π는 무한히 덧셈한 급수라 불리는 수식에 등장한다.

　다음으로 186페이지의 공식을 살펴보자. 렘니스케이트(lemni-scate) 주율이라 불리는 수가 등장한다. 렘니스케이트란, 다른 두 정점에서의 거리 합이 일정해지는 점의 궤도다. 이는 방정식 $(x^2+y^2)^2-2a^2(x^2-y^2)=0$으로 표시되는 곡선이다. 렘니스케이트 주율 ϖ란 렘니스케이트의 원주율이다. ϖ는 π의 다른 문자다.

◆ **라마누잔의 수식 ①**

$$\sqrt[3]{\sqrt[3]{2}-1} = \sqrt[3]{\frac{1}{9}} - \sqrt[3]{\frac{2}{9}} + \sqrt[3]{\frac{4}{9}}$$

$$\sqrt{\sqrt[5]{4}+1} = \frac{\sqrt[5]{16}+\sqrt[5]{8}+\sqrt[5]{2}-1}{\sqrt{5}}$$

$$\sqrt[4]{\frac{3+2\times\sqrt[4]{5}}{3-2\times\sqrt[4]{5}}} = \frac{\sqrt[4]{5}+1}{\sqrt[4]{5}-1}$$

◆ 라마누잔의 수식 ② (원주율 값을 나타내는 근사식)

$$\pi = 3.1415926535897932\cdots\cdots$$

$$\frac{7}{3}\left(1+\frac{\sqrt{3}}{5}\right) = 3.14162$$

$$\frac{19}{16}\sqrt{7} = 3.14180$$

$$\frac{9}{5}+\sqrt{\frac{9}{5}} = 3.14164\cdots\cdots$$

$$\sqrt[4]{3^4+2^4+\frac{1}{2+\left(\frac{2}{3}\right)^2}} = 3.14159265262$$

$$\frac{63}{25}\left(\frac{17+15\sqrt{5}}{7+15\sqrt{5}}\right) = 3.14159265380$$

$$\frac{355}{113}\left(1-\frac{0.0003}{3533}\right) = 3.14159265358979\cdots\cdots$$

$$\text{원주율}\,\pi = 3.14159265358979323846264338327950288419716939937510\cdots\cdots$$

$$\text{네이피어 수}\,e = 2.718281828459045235360287471352662497757247093700\cdots\cdots$$

$$\text{오일러의 정수}\,\gamma = 0.5772156649015328606065120900824024310421593359922\cdots\cdots$$

$$\frac{\log_e 1}{\sqrt{1}} - \frac{\log_e 3}{\sqrt{3}} + \frac{\log_e 5}{\sqrt{5}} - \frac{\log_e 7}{\sqrt{7}} + \frac{\log_e 9}{\sqrt{9}} - \cdots\cdots$$

$$= \left(\frac{1}{4}\pi - \frac{1}{2}\gamma - \frac{1}{2}\log_e 2\pi \right) \left(\frac{1}{\sqrt{1}} - \frac{1}{\sqrt{3}} + \frac{1}{\sqrt{5}} - \frac{1}{\sqrt{7}} + \frac{1}{\sqrt{9}} - \cdots\cdots \right)$$

$$\frac{1}{\left(25 + \frac{1^4}{100} \right)(e^\pi + 1)} + \frac{3}{\left(25 + \frac{3^4}{100} \right)(e^{3\pi} + 1)} + \frac{5}{\left(25 + \frac{5^4}{100} \right)(e^{5\pi} + 1)}$$

$$+ \cdots\cdots = \frac{\pi}{8}\coth^2 \frac{5\pi}{2} - \frac{4689}{11890}$$

$$\frac{1}{1^3}\left(\coth\pi x + x^2\coth\frac{\pi}{x} \right) + \frac{1}{2^3}\left(\coth 2\pi x + x^2\coth\frac{2\pi}{x} \right)$$

$$+ \frac{1}{3^3}\left(\coth 3\pi x + x^2\coth\frac{3\pi}{x} \right) + \cdots\cdots = \frac{\pi^3}{90x^3}(x^4 + 5x^2 + 1)$$

$$\frac{1^5}{e^{2\pi} - 1} \cdot \frac{1}{2500 + 1^4} + \frac{2^5}{e^{4\pi} - 1} \cdot \frac{1}{2500 + 2^4} + \cdots\cdots$$

$$= \frac{123826979}{6306456} - \frac{25\pi}{4}\coth^2 5\pi$$

$$\sum_{n=1}^{\infty} = \frac{n^5}{e^{2\pi n}-1} = \frac{1}{504}$$

$$\sum_{n=1}^{\infty} = \frac{n}{e^{2\pi n}-1} = \frac{1}{24} - \frac{1}{8\pi}$$

$$\sum_{n=1}^{\infty} = \frac{n^3}{e^{2\pi n}-1} = \frac{1}{80}\left(\frac{\varpi}{\pi}\right)^4 - \frac{1}{240}$$

원주율 $\qquad \pi = 2\int_0^1 \frac{dx}{\sqrt{1=x^2}} = 3.14159\cdots\cdots$

렘니스케이트 주율 $\qquad \varpi = 2\int_0^1 \frac{dx}{\sqrt{1-x^4}} = \frac{\Gamma^2\left(\frac{1}{4}\right)}{2^{\frac{3}{2}}\pi^{\frac{1}{2}}}$

$$= 2.62205\cdots\cdots$$

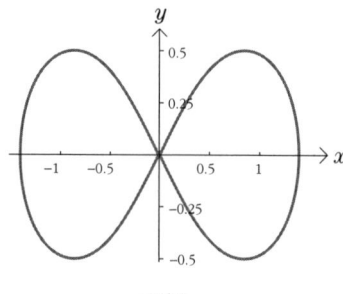

그래프

즉, 원주의 길이=2×반경×원주율 π인 것과 달리 렘니스케이트 곡선의 둘레 길이는 2×반경×렘니스케이트 주율이 된다.

🔺 경이로운 속도로 π 계산

드디어 라마누잔은 π를 계산하는 경이로운 공식을 발견하기에 이른다. 이것이 제일 처음 소개한 공식이다. 다시 한 번 살펴보자.

◆ **라마누잔의 공식 ① (원주율 공식)**

$$\pi = \cfrac{1}{\cfrac{2\sqrt{2}}{9801} \displaystyle\sum_{n=0}^{\infty} \cfrac{(4n)!}{\{(4^n) \cdot (n!)\}^4} \cdot \cfrac{26390n+1103}{99^{4n}}}$$

이 공식은 원주율 계산 역사상 조금 성격이 다른 존재로 하디도 전혀 이해할 수 없을 정도로 대단한 공식이었다. 하지만 증명되지 않은 공식이라도 계산해 보면 3.14159265……로 정확한 원주율 값이 된다.

이 공식의 놀라운 점은 그 속도에 있다. '속도'란 계산 결과에서 원주율이 나타나는 빠르기다.

다음 공식은 라이프니츠의 원주율 공식으로 속도가 무척 느린 공식이다. 즉 아무리 계산해도 3.1415······가 나타나지 않는다.

그런데 앞서 소개한 라마누잔의 공식은 급수(무한개의 덧셈)의 첫 두 항을 더하기만 해도 3.14159265까지 정확하게 나타난다.

◆ 라마누잔의 공식 ①을 손으로 계산해 보면······

$$\frac{2\sqrt{2}}{9801} \sum_{n=0}^{\infty} \frac{(4n)!}{(4^n \times (n!))^4} \times \frac{26390n + 1103}{99^{4n}}$$

$$= \frac{2\sqrt{2}}{9801} \left(\frac{(4 \times 0)!}{(4^0 \times 0!)^4} \times \frac{26390 \times 0 + 1103}{99^{4 \times 0}} \right.$$

$$\left. + \frac{(4 \times 1)!}{(4^1 \times 1!)^4} \times \frac{26390 \times 1 + 1103}{99^{4 \times 1}} \right)$$

$$= \frac{2\sqrt{2}}{9801} \left(\frac{1}{1 \times 1} \times \frac{1103}{1} + \frac{4 \times 3 \times 2 \times 1}{4^4} \times \frac{27493}{99^4} \right)$$

$$= \frac{2\sqrt{2}}{9801} \left(1103 + 0.0000 \, 2683197435 \right)$$

$$= \frac{2 \times 1.41421356 \times 1103.000027}{9801}$$

$$= \frac{3119.755189}{9801}$$

☺ $$\frac{9801}{3119.755189} = 3.14159265 \cdots$$

옆의 그림은 필자가 실제로 손으로 계산한 값이다. 원주율 값이 제대로 나타난 것이 보일 것이다. 모두 계산기를 들고 라마누잔의 공식에 도전해 보길 바란다.

계산기로 계산해 보면 하나의 계산이 끝날 때마다 원주율의 정확한 값이 늘어나는 것을 알 수 있다.

정말 '속도'가 빠르다는 것을 알 수 있다.

♜ 원주율 탐사의 역사를 바꾼 라마누잔

이 라마누잔의 공식은 라마누잔이 이 세상을 떠나고 그 위력을 떨쳤다.

1987년 드디어 보어와인 형제에 의해 증명된 것이다.

'제타 함수의 '기적'이라는 말로 시작되는 증명 중에 그들은 라마누잔 공식이 어디서 왔는지 설명한다.

이 이론을 사용해 보어와인 형제가 도출한 것이 다음 페이지의 공식이다.

사실 보어와인 형제가 이를 증명하기 2년 전인 1985년에 미국의 수학자이자 프로그래머인 빌 고스퍼(Bill Gosper, 1943~)가 당시 세계 기록인 1,752만 6,200자리의 원주율을 '라마누잔의 공식'을 사용해 얻는 데 성공했다. 하지만 당시 라마누잔의 공식이 정

◆ 보어와인 형제의 증명

$$\text{In[4]} := \text{N}\left[\cfrac{1}{\cfrac{2\sqrt{2}}{9801}\displaystyle\sum_{n=0}^{1}\left(\cfrac{(4n)!}{((4^n)\times(n!))^4}\times\cfrac{26390\,n+1103}{99^{(4n)}}\right)},\ 20\right]$$

Out[4]= 3.1415926535897938780

  3.141592653589793877998905826278228`20

$$\text{In[5]} := \text{N}\left[\cfrac{1}{\cfrac{2\sqrt{2}}{9801}\displaystyle\sum_{n=0}^{2}\left(\cfrac{(4n)!}{((4^n)\times(n!))^4}\times\cfrac{26390\,n+1103}{99^{(4n)}}\right)},\ 20\right]$$

Out[5]= 3.1415926535897932385

  3.141592653589793238462649065702759`20

$$\text{In[6]} := \text{N}\left[\cfrac{1}{\cfrac{2\sqrt{2}}{9801}\displaystyle\sum_{n=0}^{3}\left(\cfrac{(4n)!}{((4^n)\times(n!))^4}\times\cfrac{26390\,n+1103}{99^{(4n)}}\right)},\ 30\right]$$

Out[6]= 3.14159265358979323846264338328

  3.1415926535897932384626433832795552731504927`30

◆ 보어와인 형제의 공식

$$\frac{1}{\pi} = 12\sum_{n=0}^{\infty}\frac{(-1)^n(6n)!}{(n!)^3\,(3n)!}\cdot\frac{An+B}{C^{\,n+\frac{1}{2}}}$$

A: $13773980892672\sqrt{61}+107578229802750$

B: $212175710912\sqrt{61}+1657145277365$

C: $[5280(236674+30303\sqrt{61})]^3$

말로 π를 나타내는지 몰랐기 때문에 고스퍼의 결과가 맞는지는 알 수 없었다.

하지만 증명된 것을 계기로 π 계산값은 껑충 뛰어 올라 '억'의 세계로 돌입했다.

그것이 도쿄 대학의 가나다 야스마사[金田康正] 팀과 π를 계산하려 구소련에서 미국으로 건너간 처드노프스키 형제의 격렬한 원주율 경쟁을 불러일으켰다.

도쿄 대학은 세계 최고의 슈퍼컴퓨터를 사용했고 처드노프스키 형제는 자신들이 만든 전자계산기를 사용한 전대미문의 π 계산 경쟁이었다.

1987년 가나다 팀이 π 계산 역사상 처음으로 소수점 이하 1억 자리를 넘는 데 성공하자 1989년 6월에 처드노프스키 형제는 5억 3,533만 9,270자리를 계산했다. 그러자 한 달 뒤인 7월에 가나다 팀은 5억 3,687만 898자리를 계산해 다시 앞질러 나갔다.

하지만 8월에 처드노프스키 형제는 10억 자리가 넘는 계산에 성공했다. 그때 그들이 전자계산기에 설정한 것이 라마누잔의 공식이었다. 이 공식은 현대에 이르러 위력을 발휘하고 있다.

그리고 1994년 처드노프스키 형제가 40억 4400만 자리로 다시 세계 기록을 갱신했다. 이때에 자신들이 만든 전자계산기에 설정한 것이 192페이지의 처드노프스키 공식이다.

$$\pi = \cfrac{1}{12\displaystyle\sum_{n=0}^{\infty} \cfrac{(-1)^n\,(6n)!}{(n!)^3\,(3n)!} \cdot \cfrac{545140134n+13591409}{(640320^3)^{n+\frac{1}{2}}}}$$

라마누잔 공식을 업데이트한 고속 π 계산 공식으로, 라마누잔 공식은 한 번 계산할 때마다 8자리 정도 정밀도가 높아지는데 처드노프스키 형제의 공식은 14자리 정도 정밀도가 높아진다.

이 처드노프스키 공식의 위력은 전자계산기의 성능이 좋아질수록 잘 증명됐다.

2011년 일본의 한 회사원 곤도 시게루[近藤茂]가 처드노프스키 공식을 사용해 10조 자리의 기네스 기록을 달성했다. 그는 자신의 전자계산기를 사용해 계산에 성공했다.

1920년에 서른세 살이라는 젊은 나이에 세상을 떠난 라마누잔. 그러나 라마누잔 공식은 국경을 넘고 시대를 초월해 현재도 많은 영향을 끼치고 있다.

그것이야말로 보어와인 형제가 말한 '기적'일지 모른다.

🏛 기쁨을 주는 라마누잔과 그의 공식

"당신이 수학에 남긴 최대의 공헌은 무엇입니까?"라는 질문에 하디는 주저하지 않고 "라마누잔을 발견한 겁니다."라고 답했다.

혹시 필자가 "인생의 기쁨은 무엇입니까?"라는 질문을 받는다면 어떨까.

필자는 주저하지 않고 "라마누잔과 라마누잔의 수학을 만난 것입니다."라고 답할 것이다.

상대성 이론은 아인슈타인이 없었다 해도 2년 이내에 누군가가 발견했을 것이다. 하지만 라마누잔이 발견한 공식은 그가 없었다면 백 년이 지난 지금도 아무도 발견하지 못했을 것이다.

수학이나 자연 과학의 발견에는 이론적인 필연성이 있다. 하지만 라마누잔이 왜 이런 공식들을 생각해 냈는지는 아무도 모른다.

영국 생활에 적응하지 못한 라마누잔은 하디와 수학만이 친구였다. 50시간 연구하고 20시간 자는 불규칙적인 생활을 보냈다.

그런 생활 중 라마누잔은 매일 6개 정도의 새로운 발견을 했고 하디에게 전달했다 한다. 어떻게 매일 새로운 발견을 할 수 있는지를 묻자 라마누잔은 힌두교 여신 나마기리(Namagiri)가 혀 위에 써 준다고 답했다.

하지만 수학에 열중한 나머지 식사를 제대로 하지 못했던 라마누잔.

그의 몸은 점점 쇠약해져 병원에 입원하게 됐다. 라마누잔을 찾아간 하디는 이렇게 말했다.

"타고 온 택시 번호판은 1729라는 재미없는 수였어."

그 말을 들은 라마누잔은 바로 대답했다.

"아니요, 하디 선생님. 그 수는 정말 재미있는 수입니다! 1729라는 수는 세 제곱수 두 개의 합인 수식 두 가지로 나타낼 수 있는 최소의 수입니다."

분명 1729는 '12^3+1^3'과 '10^3+9^3'으로 나타낼 수 있다.

나중에 하디는 "라마누잔은 모든 수와 친구였다."라고 말했다.

계산 여행을 이어 간 라마누잔은 이후 사랑하던 아내 자나키의 품에 안겨 인도로 돌아갔다. 그러고는 마지막 힘을 다해 무한으로 향하는 계산 여행을 이어 갔다.

1920년 4월 26일.

마침내 라마누잔은 아내의 팔에 안겨 32세의 생애를 마쳤다. 동시에 그의 계산 여행도 끝이 났다. 그가 남긴 것은 3,254개의 공식이 적힌 노트와 방에 어지럽게 흩어진 계산용 종이였다.

수학자는 자신의 생명을 바쳐 공식을 찾아낸다.

라마누잔의 삶은 젊은 나이에 세상을 떠난 시인 랭보(Arthur Rimbaud)를 방불케 한다. 빨리 저세상으로 간 사람들은 모두 독특한 향기를 지닌 걸까? 아니면 그저 이 둘이 같은 매혹적인 분위기를 지닌 걸까?

라마누잔의 수식에서 뿜어져 나오는 강렬한 인상이 20대의 나를 덮쳤다.

정신을 차려 보니 곁에 수학이 있었다. 초등학교 시절, 라디오 소년이었던 필자는 아키하바라[秋葉原]에서 전자 부품을 사와 납땜 인두를 잡고 혼자 라디오 만들기에 열중했다. 그때 전자 회로를 설계해 봐야겠다는 생각이 들었다.

그런데 막상 무엇부터 해야 할지 몰랐던 필자는 서점에서 눈에 들어온 전자 공학 관련 서적을 하나 읽었다. 그 책에는 수식이 나열돼 있었다. 왜 전자 공학에 수식이 필요한 걸까? 의문을 해결하기 위해 독학을 시작했다.

그리고 하나의 회로도에 방정식이 연관되는 것을 이해했다. 생각한 대로 라디오를 만들기 위해 공식을 사용해 계산하면서 회로를 설계하는 방법을 익혀 나갔다. 축전기의 용량을 C, 코일의 인덕턴스*를 L로 하면 회로의 공진주파수** f가 그 C와 L에 따라 결정된다.

즉 라디오의 구조를 수식을 통해 이해할 수 있게 됐다. 그 재미를 경험하다 보니 수식의 매력에 흠뻑 빠지게 됐다. f, C, L 공식에는 원주율 π가 포함돼 있었다.

왜 라디오에 원주율 π가 관계돼 있는 걸까?

언젠가 그 이유를 이해할 날이 왔으면 하고 바랐다. 손으로 만질 수 있는 라디오 같은 실체와 형태는 없지만 중요한 역할을 하는 수식. 나는 그 관계에 엄청난 감동을 받았다.

중학교 시절 라디오는 우주로 바뀌었다. 물리학이라는 학문이 있고 그 학문이 우주의 구조를 밝히려 한다는 것을 알았다. 그것도 아인슈타인이라는 세기의 천재가 우주의 법칙을 수학을 사용해 나타내려고 한다는 것 아닌가.

인류가 생각하는 최대의 존재, 우주. 그 우주의 구조마저 수식을 사용해 이야기할 수 있다니……. 라디오를 통해 경험한 것 이상의 흥분이 필자를 덮쳤다. 이후 아인슈타인의 책을 닥치는 대로

---

*감수자 주: 전자기 유도로 생기는 역기전력의 비율을 나타내는 양.
**감수자 주: 전기 저항을 0으로 했을 때의 고유 주파수.

읽기 시작했다. 물리학이란 이렇게나 우아하고 흥분되는 것인가 하며 빠져들어 갔다.

하나의 원리에서 출발해 합리적 사고를 거듭해서 단 하나의 간결한 수식에 도달하는 이야기. 지금까지 어떤 책에서도 읽은 적이 없는 재미가 필자의 눈을 사로잡았다.

시간과 공간을 탐구한다. 이 관계가 수식이 돼 눈앞에 나타난다. 아인슈타인의 책을 읽는다. 문장 사이에 담긴 수식을 본다. 대부분 이해할 수 없음이 한심하면서도 "더 알고 싶다."라는 욕구에 페이지를 넘겼다.

아인슈타인의 수식은 아직도 필자의 마음의 핵에 도달하지 못했다. 그러나 아인슈타인의 사고, 꿈, 인생의 고뇌만큼은 열네 살 소년의 마음 한가운데 충분히 도달했다.

지금 생각해 보면 초등학생 때나 중학생 때는, 모르는 것을 소중히 마음에 담아 두고 따뜻하게 보호하는 것을 배웠던 것 같다. 전자 공학이나 물리학 이론 모두를 십 대 전후의 아이가 알 수는 없다. 그래도 무척 기뻤다. 동경이라고도 할 수 있는 존재가 된 수식이 필자를 부르고 격려하고 용기를 주었기 때문이다.

수식은 말이 없다. 하지만 조용히 무언가를 호소한다. 등호로 이어진 문자, 숫자, 기호 들은 모두 들어가야 할 곳에 들어가 안심하고 있을 것이다. 분명 기뻐할 것임에 틀림없다!

수식은 힘을 감추고 있다. 그 힘으로 인해 은혜를 입게 될 누군가를 차별하지 않는다. 인간의 마음을 움직이는 알 수 없는 힘이 있다.

나와 수식의 극적인 만남이 있었다. 그것은 함수 계산기가 부른 신기한 체험이다. 제곱근, 삼각 함수, 지수 함수, 로그 함수. 고도의 수치 계산이 가능한 함수 계산기를 나는 장난감처럼 갖고 놀았다.

나는 수에 놀라는 신선한 경험을 했다. 함수 계산기는 삼각 함수 $\sin 30°$의 값은 0.5로 결과가 바로 표시된다. 다음으로 $\sin 31°$로 숫자를 누르면 0.515038……이라는 결과가 나온다.

도대체 이것은 어떻게 계산하는 것일까? 전자계산기는 그 내부에 프로그램이 내장돼 있어 다양한 계산을 할 수 있다고 알려져 있다. 그리고 전자계산기의 연산은 덧셈과 같이 기본 연산의 조합으로 처리된다는 것도 알고 있다.

이 조건으로 도대체 어떻게 삼각 함수의 값을 계산하는 걸까? 너무 신기했다. 프로그램의 정체는 수학 공식 외에는 없다고 확신했다. 계산기라는 기계 안에 수학 공식이 담겨 있다. 나는 추리 소설의 범인을 찾는 탐정이 된 듯했다.

'사건'은 내 눈앞에서 일어났다. 라디오가 울리고 우주가 존재하며 전자계산기는 답을 알려준다. 증거도 찾아 뒀다. 나중에라도 범인, 수식을 잡아 범행 방법, 범행에 이르기까지의 경위 등 사건의 진상을 밝혀야만 직성이 풀릴 것 같았다. 그리고 교과서에는 그 범인이 없을 것 같은 분위기가 확연했다. 나는 빨리 범인을 잡고 싶었다.

기대로 가슴이 들뜨며 고등학생이 됐다. 학교 수학이 조금씩 어려워져 기대감을 품을 수 있다는 것도 초등학교, 중학교 시절의 경험 덕택이었다.

그러던 어느 날 나는 또 사건을 눈앞에서 목격했다. 입시에 빠지지 않는 편차(또는 오차)라는 수치다. 이 편차는 정규 분포라는 규칙을 전제로 계산된다.

이 정규 분포를 나타내는 식은 18세기 프랑스의 수학자 아브라함 드 므아브르(Abraham De Moivre, 1667~1754)가 발견했다. 이때 사건이 일어난 것이다.

교과서 뒤에는 다양한 수표가 있었는데, 정규 분포 곡선의 면적(즉 확률)을 나타내는 수표도 있었다. 그걸 보면서 나는 "그렇다면 이 확률 밀도 함수를 적분한 값이구나."라고 생각해 바로 적분을 계산하곤 했다. 그런데 이번엔 전혀 계산할 수가 없었다.

내 지식이 부족하다 생각해 수학 선생님, 친구, 선배에게 질문을 했다. 하지만 아무도 답을 알려주지 않았다. 하지만 포기할 수는 없었다. 수표라는 증거는 있었다. 이 함수를 적분하는 방법을 알고 싶다. 도대체 어떻게 이 교과서의 수표를 작성한 걸까?

정신을 차려 보니 큰 도서관에서 전문 서적을 보고 있었다. 관련된 책을 모두 들고 페이지를 넘기기 시작했다. 정규 분포나 적분에 대한 책을 조사했다. 범인은 분명 이 책 어딘가에 있을 것이라 확신하며 말이다.

많은 책과 그 안의 수식이 눈앞에 나타나 내 조사를 받았다. 모두 다 조사할 수밖에 없던 나는 드디어 조사가 재밌어졌다. 수식이 조용히 내 질문에 대답해 주었기 때문이다.

그리고 드디어 핵심에 도달했다. 그것은 한 권의 미적분 책에 담겨 있었다. 거기에는 본 적 없는 수식이 있었다.

지수 함수를 정함수의 무한급수로 나타낸 식이었다. 매클로린 전개와 처음 만난 때다. 이 방법으로 목적 함수의 적분까지 바로 계산할 수 있었다.

그 책에는 삼각 함수의 매클로린 전개식도 담겨 있었다. "이거였구나!"라며 소리를 질렀다. 오랫동안 찾아온 범인은 동시에 $\sin 31°$의 계산법이기도 했다.

계산 결과로 내 눈앞에 나타난 숫자는 내가 함수 전자계산기로 목격한 값과 소수점 이하 7자리까지 들어맞았다. 미적분의 힘을 똑똑히 보여 준 것이다. 매클로린 전개라는 범인을 감추고 있던 미적분에는 내가 상상도 할 수 없는 힘이 있었다.

고등학교 시절에는 다시 한 번 수식과 큰 만남이 있었다. '로그' 이야기다. 천문학자가 겪는 천문학적 계산의 고통을 볼 수 없었던 성주 네이피어가 로그를 발명했다는 것을 알고 난 후에 느낀 놀라움과 감동은 아직도 필자의 가슴을 뒤흔든다.

수학자가 아닌 네이피어가 말년의 20년 동안 만든 것이 로그다. 도대체 무엇이 네이피어를 그렇게까지 움직이게 했을까? 의문은 점점 커진다. 지금 생각하면 이런 반복이 그때부터 시작되었던 것 같다.

고등학교 시절 물리학을 향한 관심은 아인슈타인에서 양자 역학으로 이동했다. 이렇게 되자 수수께끼투성이었다. 여러 아이디어들과 전개되는 수식에 압도되면서 수식의 간결함에도 끊임없이 눈을 뺏겼다.

이때 필자는 보어, 슈뢰딩거, 디랙이라는 천재 물리학자들을 알게 됐다. 중학교 시절에 아인슈타인을 알고 우주의 법칙을 나타내기 위한 수식의 위대함을 느낀 필자는 양자 역학을 만든 천재들의 능력을 보고 수식의 대단함을 다시금 인식했다.

내 안에서 서서히 물리학의 꿈이 수학으로 기울어지기 시작했다. 대학에 진학해 물리학과를 지망하려던 나에게 내려온 것이 당시 물리학 세계의 사건인 '초끈 이론'의 출현이었다. 이는 물리학자의 꿈인 '통일장 이론'의 유력한 후보로 등장한 이론이었다.

이 이론의 재밌는 점은 물리학과 수학의 관계에 있다 할 수 있다. 양쪽의 주된 관계는 물리학이 주인이고 수학이 하인이었다. 한데 그것이 역전되는 사태가 일어나게 됐다. 물리학 문제인 통일장 이론의 바탕에 수학의 깊은 이론이 관계돼 있다는 것을 곧 알게 됐다. 당시 통일장 이론 물리학자가 모두 물리학을 그만두고 수학을 공부하기 시작했다는 것을 듣고 필자 역시 수학의 길을 가고자 결심했다.

되돌아보면 필자는 라디오에서 시작한 수식과의 만남을 거쳐 우주에 흥미를 느끼고 수학의 세계에 도달했다. 뉴턴이나 네이피어와 같은 위인이 이어달리기를 하며 만든 수학이라는 건조물. 물리학이 그 이론을 나타내는 언어로 유일하게 채용한 것이 수학이었다.

수학이라는 전당 안에 발을 내딛었을 때 그 장엄함, 엄청난 깊이, 기품이 넘치는 형식미에 마음을 빼앗겼다.

그 건조물은 미술관이나 박물관에는 없다. 이것은 도서관의 몇만 권이라는 책 속에만 숨겨져 있다. 어두침침한 수학과 도서관에서 먼지를 뒤집어 쓴 책 안에 조용히 담겨 있는 수식들. 그들은 누군가에게 발견되기만을 무한한 과거로부터 쭉 기다려 왔을 것이다.

여러 수학자와 물리학자가 발견한 수식을 바라볼 때 내 마음에 다가오는 창공 같은 생각. 수식은 한 번 발견돼 올바른지가 증명되면 영원히 그 빛을 바라보는 사람에게 준다. 영원, 무한, 신비. 이 말의 진정한 의미를 나는 알지 못했다. 수학과 물리학을 배운 뒤에야 처음으로 그런 말을 이해하게 됐다. 단 한 개의 수식을 발견하기까지 얼마나 많은 탐구자의 이어달리기가 있었는지를 생각하면 감동으로 가슴이 벅차오른다.

수학이란 어디서 왔나?
역사를 되돌아봤을 때 수학이 자리했던 곳이 보인다.
사람들은 왜 수학을 공부할까?
처음에 마음이 있고
계산이란 여행이다.

등호라는 선로를 수식이라는 열차가 달린다.

여행자에게는 꿈이 있다.

꿈을 좇는 끝없는 계산 여행.

아직 보지 못한 풍경을 찾아 오늘도 여행은 계속된다.

이는 필자가 사이언스 네비게이터로 2000년부터 시작한 '수학쇼'의 오프닝에 흐르는 시다. 이 '사이언스 엔터테인먼트' 활동을 본격적으로 해 보자고 마음먹었을 때 먼저 결정한 것이 네이피어의 삶을 압도적인 스케일의 영상과 음악으로, 드라마로 만들어 보이는 것이었다.

이후 많은 수학자의 인간 드라마를 통해 수학의 재미와 아름다움을 전하는 작품을 만들어 왔다. 이 책은 그런 다양한 드라마에서 수식을 좇던 천재들의 이야기를 정리한 것이다.

독자가 수식을 바라보는 기쁨, 천재 수학자와 물리학자 들의 드라마를 가슴 깊이 느낄 수 있다면 무척이나 기쁠 것 같다.

사쿠라이 스스무

참고문헌

- 가츠토시 쿠가[久我勝利] 지음, 『도해잡학–정수론과 페르마의 마지막 정리[図解雑学–数論とフェルマーの最後定理]』, 나츠메샤[ナツメ社]
- 『뉴턴의 생애(ニュートンの生涯)』
- 다니야마 유타카[谷山豊] 지음, 증보판 『다니무라 유타카 전집[増補版谷山豊全集]』, 일본평론사(日本評論社)
- 다마키 에이히코(玉木英彦) 지음, 에자와 히로시[江沢洋] 엮음, 『니시나 요시오–일본 원자 과학의 여명[仁科芳雄–日本の原子科学の曙]』
- 도오야마 히라쿠[遠山啓] 지음, 『수학입문〈하〉(数学入門 下)』, 이와나미서점[岩波書店]
- 리처드 만키에비츠(Richard Mankiewicz) 지음, 『도설 세계 수학의 역사(図説世界の数学の歴史)』, 동양서림(東洋書林)
- 바네슈 호프만(Banesh Hoffman) · 헬렌 두카스(Helen Dukas) 외 지음, 『아인슈타인–창조와 반골 인간(アインシュタイン–創造と反骨の人)』, 가와데쇼보신샤[河出書房新社]
- 사쿠라이 스스무 지음, 『계절미의 수학–일본의 아름다움과 마음에 잠든 정사각형과 $\sqrt{2}$의 비밀[雪月花の数学–日本の美と心に潜む正方形と$\sqrt{2}$の秘密]』, 쇼덴샤[祥伝社]
- 사쿠라이 스스무 지음, 『산수가 재밌어지는 이야기[算数がたのしくなるおはなし]』, PHP연구소(PHP研究所)
- 수학 세미나 증간(数学セミナー増刊), 『100인의 수학자 고대 그리스부터 현대까지(100人の数学者古代ギリシャから現代まで)』, 일본평론사

- 수학 세미나 편집부(数学セミナー編集部) 지음, 『수학 100의 발견(数学100의 発見)』, 일본평론사

- 시가 고지[志賀浩二] 지음, 『수의 대항해-대수의 탄생과 보급[数の大航海—対数の誕生と広がり]』, 일본평론사

- 시모히라 가즈오[下平和夫] 지음, 『세키 다카카즈-에도의 세계적 수학자의 족적과 위업(關孝和—江戸の世界的数学者の足跡と偉業)』, 연성사(研成社)

- C. 제릿히(C.ゼーリッヒ) 지음, 『아인슈타인의 생애(アインシュタインの生涯)』, 도쿄서적[東京書籍]

- 앨리스 캘러프라이스(Alice Calaprice) 지음, 『아인슈타인은 말한다[アインシュタインは語る]』, 대월서점(大月書店)

- NHK 아인슈타인 프로젝트 팀(NHKアインシュタイン·プロジェクト) 지음, 『NHK 아인슈타인의 로망3(NHK アインシュタインロマン3)』, 일본방송출판협회(日本放送出版協会)

- 윌리엄 던햄(William Dunham) 지음, 『오일러 입문(オイラー入門)』, 스프링거 페어락 도쿄(シュプリンガー·フェアラーク東京)

- 제임스 글릭(James Gleick) 지음, 『뉴턴의 바다—만유인력의 진리를 찾아서[ニュートンの海 万物の真理を求めて]』, 일본방송출판협회

- 후지코 F. 후지오[藤子.F.不二雄] 지음, 『용궁성에서의 8일(도라에몽 제25권)(竜宮城の八日間(ドラえもん第25巻)』, 소학관(小学館)

- 후지하라 마사히코[藤原正彦] 지음, 『마음은 고독한 수학자[心は孤独な数学者]』, 신쵸사[新潮社]

재밌어서 밤새 읽는 수학자들 이야기

1판 1쇄 발행 2015년 4월 20일
1판 9쇄 발행 2024년 1월 8일

지은이 사쿠라이 스스무
옮긴이 조미량
감수자 계영희

발행인 김기중
주간 신선영
편집 민성원, 백수연
마케팅 김신정, 김보미
경영지원 홍운선

펴낸곳 도서출판 더숲
주소 서울시 마포구 동교로 43-1 (04018)
전화 02-3141-8301
팩스 02-3141-8303
이메일 info@theforestbook.co.kr
페이스북·인스타그램 @theforestbook
출판신고 2009년 3월 30일 제 2009-000062호

ISBN 978-89-94418-89-6 (03410)